紙パルプ産業と環境 2024

循環型の特性活かし
持続可能な成長へ

～ 期待されるSDGsでの更なる役割 ～

CARBON NEUTRAL
PLASTIC FREE

紙パルプ産業と環境 2024
循環型の特性活かし持続可能な成長へ

CONTENTS

第 I 章
製紙と関連業界が貢献する SDGs の取組み

基本原則で貢献の方向性を明確化

企業にとって単に経済活動により自身の価値を生み出すだけでなく、社会的責任を果たすことも現代では大きな価値をもたらし事業継続の重要な要素になると捉えられている。環境（Environment）、社会（Social）、企業統治（Governance）の頭文字を取ったESGも、企業の長期的な成長を可能にする考え方であり、最近ではとくに地球温暖化対策への貢献が企業の価値を左右する取組みにもなっている。すなわち、企業は経済活動を目的とする組織だが、倫理的観点から事業活動を通じ自主的に社会貢献を行うべきとの考え方であり、CSR（Corporate Social Responsibility）の基本概念として一般化している。すでに、企業は事業活動を通しいかに社会貢献が行えるかで、投資家をはじめ従業員や消費者などからの評価が左右される時代にある。

そうしたさまざまな社会貢献を、言わば統合化し世界規模の対象へと広げた形がSDGs（Sustainable Development Goals：持続可能な開発目標）と言っても差し支えないだろう。2015年9月国連サミットで『持続可能な開発のための2030アジェンダ』が採択され、そこで記載された2030年までに持続可能でよりよい世界を目指す国

際社会共通の目標である。これは2000年9月に採択された「ミレニアム開発目標（MDGs）」の後継となるもの。貧困をなくし、地球環境を保護し、すべての人が平和と豊かさを享受できるようにする17のゴールと169のターゲットで構成されている。その実現に国はもちろんだが企業としての貢献にも大きな期待が寄せられており、また企業側もそれが企業としての持続的成長や事業展開上での恩恵をもたらすと考えられている。

では、わが国の紙パルプ産業および製紙会社にとってSDGsはどのような関係性があるのだろうか。日本製紙連合会は最近、「サステナビリティ基本原則」を制定したが、その経緯とSDGsとの関連はどのようなものなのだろうか。

サステナビリティ実現のため
SDGsとの関わりを具体的に確認

前記したように、SDGsは2015年9月開催の国連サミットで加盟国の全会一致で採択された、2030年までに持続可能でよりよい世界を目指す国際目標のことで、地球上の「誰一人取り残さない」をメインメッセージとして宣誓された。現在、国・企業・市民レベルでの取組みが進められ

ており、紙パルプ産業でも日本製紙連合会（以下、製紙連）を通し、その目標実現へ向けての業界的貢献を具体的に進めつつある。製紙連は2021年3月、会員企業で構成するSDGsワーキンググループで、日本の紙パルプ産業とSDGsで掲げる目標との関連性について整理を行い、報告書「Towards2030—SDGs目標に対するワーキンググループ検討結果」として取りまとめた。同報告では、紙パルプ産業は主に生産・販売活動を通し多くのSDGs目標に貢献していることを再確認し、環境分野を中心とした自主的かつ先進的な取組みと成果を社会に向けてより強力に発信していくことの重要性を提言している。

同報告書により製紙会社および業界全体としてSDGs達成に向けた努力の指針が示されたわけで、2021年5月には会員会社22社からなるSDGs委員会を立ち上げ、サステナブルな観点から業界的活動の進捗状況活動へ光をあてる取組みをスタートさせた。その確認や社会への公表による業界のプレゼンス向上を目的とし、22年3月には業界初の「サステナビリティレポート2021」の発行。改めてSDGs目標に関連した取組みとその進捗状況、今後の戦略などをわかりやすくまとめたもの

であり、業界外へも積極的に情報発信を行っていくとの意気込みを感じさせる内容となっている。

もともとSDGsとサステナビリティとは異なる概念であり、サステナビリティは前記の通り持続可能な社会・環境・経済の実現を目指す考え方や取組みで、SDGsは貧困やジェンダー、環境、衛生、サプライチェーンなどについて具体的な目標・指針を掲げたもの。したがって、SDGsはサステナビリティ実現のため何をすべきか具体的に示したものとも言える。

他方、わが国の紙パルプ業界について見ていくと、再生可能な資源かつ地球温暖化の主因とされるCO_2を吸収・固定化する木材を原料とし紙・板紙製品を製造、その製品は役目を終えると多くが古紙として回収され、再び原料として新しい製品へ生まれ変わるという産業特性をもつ。その特性を活かし、環境関連での自主行動計画や数値目標を立て、その実現・達成に努力してきた。また、全国各地に点在する製紙工場では多くの雇用を生み出し、地域経済の担い手として社会との共生を果たしてきた。そうした業界としての活動領域および持続可能な発展への成果とSDGs目標との関連性を示し、同目標

とリンクした業界の具体的目標とその進捗状況を明らかにいているのが「サステナビリティレポート」ということになる。

　ちなみに同レポートでは、SDGsの17のゴールのうち紙パルプ産業が主に貢献している「目標」として以下のものをあげている。

　　3.　すべての人に健康と福祉を

　　7.　エネルギーをみんなに そしてクリーンに

　　8.　働きがいも経済成長も

　　9.　産業と技術革新の基盤をつくろう

　　11.　住み続けられるまちづくりを

　　12.　つくる責任 つかう責任

　　13.　気候変動に具体的な対策を

　　15.　陸の豊かさも守ろう

　また業界が今後取り組むべき「戦略的取組」としては、以下の4つのテーマが掲げられている。

　①　カーボンニュートラル産業の構築実現

　②　古紙利用システムのサーキュラーエコノミーへの貢献

　③　グリーンリカバリーへの貢献

　④　デジタル社会における紙の重要性の発信

　なお、2023年1月にデータ更新やコラムの掲載などにより、さらに充実させた「サステナビリティレポート2022」を公開しており、製紙連運営のWeb上（https://www.jpa.gr.jp/file/release/20230119025610-1.pdf）でその内容を確認することができる。

SDGs実現へ向けての貢献と自らの成長持続の実現を宣言

　このように、わが国の紙パルプ産業は環境と経済が調和する持続可能な社会の実現に貢献すべく、業界的レベルでの取組みに積極的な姿勢を鮮明に打ち出しているが、環境・社会・ガバナンスに関連するさまざまな課題の解決に向けてさらに前進させるため、日本製紙連合会は2023年4月20日理事会で「日本製紙連合会サステナビリティ基本原則」（別掲）を制定した。

　2021、22年版のサステナビリティレポートの作成に加え、持続可能な社会の実現に向け、製紙連と会員企業が目指すべき行動原則として検討を進めてきた成果がこの基本原則である。SDGsの達成に向け、企業活動および産業活動は「環境・社会・経済」の観点から、今後、長期間にわたって良好な経済活動を維持しながら成長を続けることが求められていることを受け

日本製紙連合会 サステナビリティ基本原則

　日本製紙連合会並びに会員企業は、環境・社会・ガバナンスの各種課題の解決に取り組むことにより、環境と経済が調和する持続可能な社会の実現に貢献するとともに、自らの持続的な成長を実現します。

原則1：責任ある安心安全な製品供給
　継続的なイノベーションに取り組み、人々の生活を支える安心安全で優れた製品を安定的に供給します。

原則2：地球環境の保全と再生
　事業活動が気候変動や生物多様性等に及ぼす影響を把握し、それらの負荷低減に努めます。さらには技術開発や自然資本の適切な管理、資源循環の促進、産業間の主体的連携を通じ、環境に関する積極的な取組みを推進します。

原則3：人権の尊重
　人権に関する国際規範・法令等を遵守するとともに、すべての人々の人権を尊重します。

原則4：労働環境の向上およびダイバーシティ・インクルージョンの推進
　従業員の安全と健康を守るため、重篤災害の撲滅に向けて労働環境のさらなる向上を推進するとともに、従業員の生活水準の向上に資する取組みを推進します。また、社会情勢の変化に柔軟に対処し、ダイバーシティ・インクルージョン社会の実現に貢献します。

原則5：ガバナンスの推進
　内部統制の構築・強化とコンプライアンスの徹底を通じてガバナンスを強化し、公正で透明性の高い企業経営を推進します。

原則6：連携と協働
　国際機関や政府、地域社会等との連携を強化するとともに、積極的な情報開示やステークホルダーとの対話を通じて各種課題の克服に取り組みます。

　本原則を遂行していくことにより、事業を通じた社会的責任を果たすとともに、取組状況の定期的・客観的な評価・検証による継続的な改善を行います。さらには、持続可能な社会形成に向けた経営トップによるコミットメントと積極的なメッセージの発信に努めていきます。

て制定したものだ。すなわち、業界として持続可能な社会の実現に貢献するとともに、自らの持続的な成長実現を内外に宣言した格好となる。

各種統計資料をベースに 古紙センターが168万t-CO₂と推計

古紙再生促進センターではこのほど、新たな試みとして「紙リサイクルに関わる温室効果ガス（GHG）排出量」を試算した。

る取組みが重視されるようになり、株価をはじめとした企業評価への影響も増大している。その一環として、企業の排出

これは古紙問屋、製紙メーカーに対するアンケートやセンターの各種統計資料をベースとして、総合的に全体推計を行ったもの。それによると、紙リサイクルに関わる日本全体のGHG排出量は2021年推計で167万9,704t-CO₂となった（表1，図1）。

表1．国内回収に対する古紙全体のGHG排出量

大　項　目	小　項　目		古紙1t当たりのGHG排出量〈t/CO₂〉e	古紙全体のGHG排出量〈t/CO₂〉e
(1) 搬入 [古紙回収]	搬入に係わるGHG量		0.02421	443,827
(2) 商品化 [古紙ヤード]	①燃料に係わるGHG量		0.01485	272,290
	②資材に係わるGHG量		0.01031	189,095
	③廃棄物に係わるGHG量		0.00261	47,926
	合計（①+②+③）		0.02778	509,311
(3) 古紙の商品化に係わるGHG量 [(1) + (2)]			0.05199	953,138
(4) 製紙メーカーへの搬入	①トラック輸送に係わるGHG量		0.01962	359,683
	②JR輸送に係わるGHG量		0.00004	749
	③船舶輸送に係わるGHG量		0.00186	34,113
	合計（①+②+③）		0.02152	394,545
(5) 古紙輸出	船舶輸送に係わるGHG量		0.01811	332,021
(6) 古紙出荷に係わるGHG量 [(4) + (5)]			0.03963	726,566
(7) 古紙の合計GHG量 [(3) + (6)]			0.09162	1,679,704

内訳は＊**搬入プロセス**が44万3,827t-CO₂（構成比26.4%）、＊古紙ヤードプロセスが50万9,311t-CO₂（同30.3%）、＊搬出プロセスが39万4,545t-CO₂（同23.5%）、＊輸出プロセスが33万2,021t-CO₂（同19.8%）で、古紙ヤードのウェイトが最も高い（図2）。

∽　　　∽

世界的な脱炭素化の流れが加速する中、各企業のESG（環境・社会・統治）に対す

図1．古紙回収・商品化・製紙工場納入に係るGHG排出量の内訳

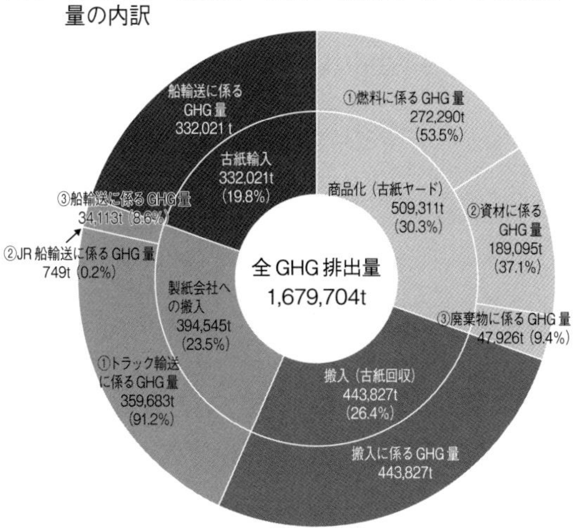

全GHG排出量 1,679,704t

図2. 古紙回収・商品化・製紙工場納入に係わる GHG 排出量のフロー
～古紙に係わる日本全体の GHG 排出量：2021年推計 = 1,679,704t-CO2 ～

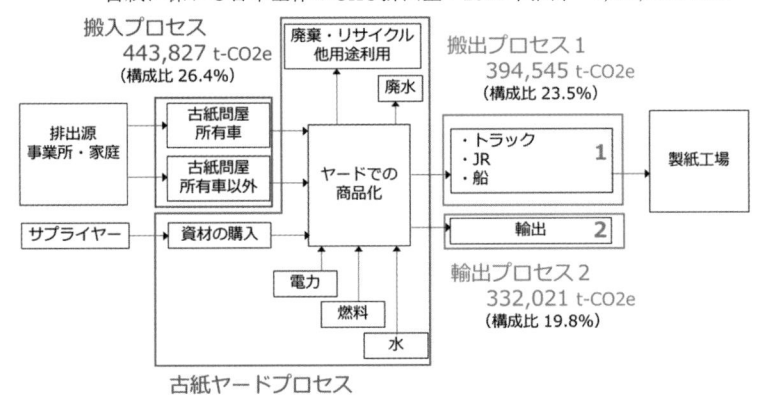

参考：2021年度 古紙回収量 = 18,334千t、輸出量 = 2,284千t

する温室効果ガス（GHG）の削減や情報開示に対する要求は年々高まり、大企業を中心に、そのサプライチェーンに関わる取引先も一体となった取組みが、一段と求められつつある。

周知のように GHG は、自社の工場や事務所などが直接排出する「スコープ1」、自社で使う電気、エネルギーに由来する「スコープ2」、さらに取引先からの原材料調達や完成製品の供給・使用・廃棄などサプライチェーンの上流・下流で排出する「スコープ3」に分けられる（図3）。このうち現状では、自社が直接的に関わる「スコープ1・2」についての GHG 把握と削減対策が、世界的にも取組みの中心となっている。

一方「スコープ3」の GHG 全体に占める割合は業種によって異なるものの、サプライチェーン全域が対象であることから総じてスコープ1＋2を上回るとされている（表2）。にもかかわらず「スコープ3」については

図3. 温室効果ガス（GHG）排出量の区分

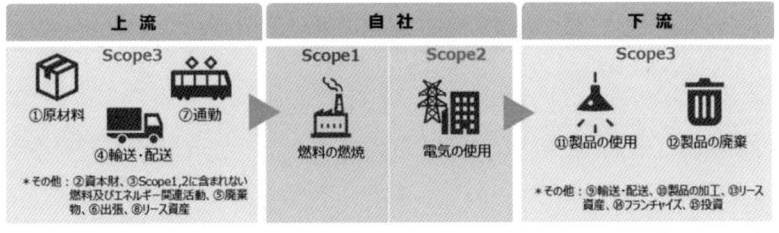

Scope 1：事業者自らによる温室効果ガスの直接排出（燃料の燃焼、工業プロセス）
Scope 2：他社から供給された電気、熱・蒸気の使用に伴う間接排出
Scope 3：Scope 1、Scope 2以外の間接排出（事業者の活動に関連する他社の排出）
　　　　出所：環境省『グリーンバリュープラットフォーム』GHG排出量イメージ

表2. 業種別にみた
日本企業の GHG 排出量スコープ別内訳

業　　種	サンプル数	スコープ1＋2	スコープ3 上流	スコープ3 下流
公益事業	(n = 17)	50%	19%	32%
不動産	(n = 42)	23%	75%	2%
電気通信サービス	(n = 6)	24%	67%	9%
生活必需品	(n = 48)	9%	81%	10%
ヘルスケア	(n = 27)	9%	61%	30%
素　材	(n = 60)	27%	40%	32%
資本財・サービス	(n = 120)	13%	49%	38%
一般消費財・サービス	(n = 66)	7%	47%	47%
エネルギー	(n = 6)	13%	13%	73%
情報技術	(n = 56)	10%	65%	25%
金　融	(n = 34)	2%	34%	64%
平　　均	(n = 482)	14%	53%	32%

注）四捨五入の関係でスコープ1・2・3の合計が100%にならない場合もある。

基礎データの測定すら、あまり進んでいないのが実情。サプライチェーンの上流・下流を対象とする間接的な排出＝「スコープ3」も含めたGHGの正確な把握は、本格的な削減に向けた産業界全体の大きな課題となっている。

しかしサプライチェーン由来である「スコープ3」排出量の場合、具体的な算出ルールに関して統一的な見解が十分でなく手間もかかることから、開示や削減目標を設定する際のハードルとなっており、その基準づくりは世界的な課題とされている。同時に、消費者や投資家を意識した大企業の間では、「経営へのインパクトの可視化」に向けた取組みを活発化させ、世界的にも各社が独自の形式で原材料メーカーに「スコープ3」データの提供を依頼するといった動きも顕在化しつつある。

したがって今後は紙リサイクルに関しても、GHGをキーワードとした情報開示要請の増加が予想される。こうした中で今回、古紙センターがGHG排出量の推計を行ったのはタイムリーかつ意義ある試みと言える。センターでは、「これを関係者に対する意識啓発の端緒にしたい」としたうえで、「紙リサイクル・サプライチェーンの多くを占める中小企業＝古紙関連業界にとって、基礎データの把握が今後の課題になると予想されることから、その支援の一助につなげていくことも目指す」としている。

さらに経済産業省などでは、サプライチェーン全体のカーボンニュートラルに向けたカーボンフットプリントの算定・検証に関する検討を進めていると伝えられており、一定の指針が取りまとめられる方向にあることから、今後ともその動向を注視していく考えだ。

2024年に創立50年の節目を迎える古紙センターは、持続的な紙リサイクルの維持に向けて増加する「雑がみ」の用途先を確保しつつ、行政機関などが可燃ゴミの削減を通じた脱炭素化を指向する中で、現在ゴミ化あるいは焼却されている古紙をいかに掘り起こしていくか、という課題を抱えている。と同時に、社会にその必要性を理解してもらう取組みも中長期的課題の一つとなる。

脱炭素化という社会要請に応えつつ、GHGの排出量を最少化しながら日本の紙リサイクルシステムの強みをいかに生かしていくのか——改めてセンターの役割が問われている。

2023年度の事業計画と予算　古紙センターは先に策定した2023年度の事業計画と収支予算の中で、古紙回収量の減少に歯止めのかからない現状を踏まえ、事業計画の基本スタンスとして以下の5点を掲げている。

◆①古紙安定対策②広報③調査研究④紙の資源リサイクル安定対策──の4大事業を軸に、古紙を取り巻く構造変化やウィズコロナにおける事業運営の在り方を追求

◆創立半世紀を控え、中長期を視野に入れた国内−世界の古紙需給シナリオづくり、提言づくりを加速させるとともに、ステークホルダーと将来像を共有し、対応を考える風土と機会を創造する

◆SDGsと紙リサイクルおよびセンター事業との関わりを周知すべく、あらゆる機会を捉えた啓発を通じ、関係者の自分事としてSDGsの理解向上に努める

◆増加する「雑がみ」、品質が低下する「雑誌」の分別啓発はもとより、可燃ゴミ削減を通じた脱炭素化の流れの中で現在、ゴミ化、焼却されている古紙をいかに掘り起こし、用途を確保すべきなのか調査研究を進める

◆サプライチェーンの脱炭素化における紙リサイクルの位置づけについて、需給両業界の理解向上を図り、GHGの定量把握に係わる支援を検討する

＜収支予算＞経常収益を前年度予算比△1億3,435万円の2億3,099万円、経常費用を同△1億3,466万円の2億3,935万円と見込んでいる（単位未満切り捨て）。

中長期的な視野での「企業価値」向上を可能にするには
— 社会価値と経済価値の狭間で、環境について思うこと —

木村　篤樹

1．はじめに

SDGsという言葉が世の中に定着して久しいが、そのことが契機になったからだろうか、サステナブルや持続可能性といった言葉もよく聞かれるようになった。ご存知の通りSDGs（Sustainable Development Goals）とはすべての国や政府、民間、市民社会における、すべての分野においての「持続可能な社会」を目指した取組みの共通した開発目標である。2015年に国連で採択され2030年までの具体的な目標として、17の目標と169のターゲットで構成されている。

また、「持続可能な会社」、すなわち企業が将来にわたり存続し、事業を継続していくという前提：「ゴーイングコンサーン（Going Concern）」という言葉もある。こちらは事業活動の継続性について重要な問題がある場合には、財務諸表に「継続企業の前提」に関する注記を記載する必要があるという金融・証券用語で、少々意味合いは違うが、社会を構成している1つである会社も継続性が大事であること

には変わりはない。

そこで、本稿では持続性・継続性を中心に社会環境関連にまつわる話題について触れながら、われわれが取り組むべき課題をビジネスの創出の切り口として述べていく。

2．CSRからCSVへ

企業の社会的責任：CSR（Corporate Social Responsibility）が問われるようになって久しい。前述の通り、企業は経済的な利益を上げることにより、永続することを目指す組織ではあるが、利益を追求するだけでなく、社会に与える影響に責任をもち、ステークホルダーに配慮し、適切に意思決定することが必要となってきたわけである。

つまり、企業活動を継続していくということは、自然の資源を使い、さまざまな物質を排出しながら、環境に何らかの負荷を与えているわけなので、資源を大切に使い、排出を抑え、環境保全に努めることは、社会に対する責務である。このことは環境基本法の「事業者の責務（第

8条)」で定められている。

　そこで、多くの企業がCSRを企業戦略の一環として事業の中核に捉えるようになってきたのだが、社会的責任の基本でもあるコンプライアンス(法令遵守)違反が散見され出した。その結果、多くの企業はより一層ガバナンス（企業統治）の強化に努めるあまり、形骸化が色濃くなってきた。本来ならば「企業価値」向上に繋げる活動であるべきなのだが、「企業価値」の毀損防止、つまり企業リスクの低減にばかり走り出したのである。

　また、社会的価値の向上を目指すSDGs

への取組みも、それ自体がコスト負担となり、真面目に取り組めば取り組むほど「企業価値」が下がるケースが増えてきた。これではESG投資（環境・社会・企業統治の視点で企業の長期的持続可能性を評価する投資）のための第2のCSRになりかねなく、持続可能な社会の実現が困難になる。

　そこで、最近ではCSV（Creating Shared Value）という概念が広まり出した。これは2011年にハーバードビジネススクールのマイケル・ポーター教授らが発表した論文『Creating Shared Value（邦題：経済的価値と社会的価値を同時実現する共通価値

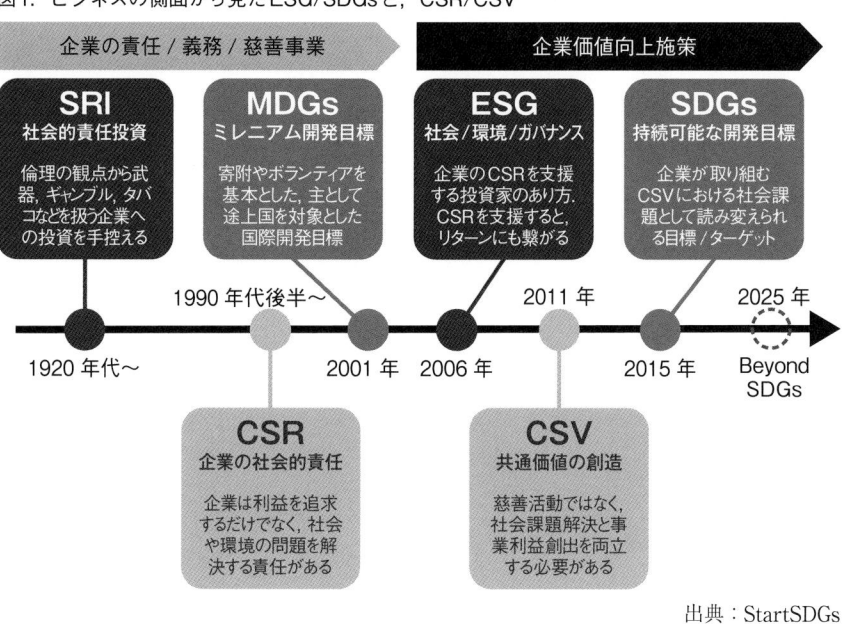

図1. ビジネスの側面から見たESG/SDGsと，CSR/CSV

企業の責任／義務／慈善事業　　　　企業価値向上施策

SRI
社会的責任投資
倫理の観点から武器，ギャンブル，タバコなどを扱う企業への投資を手控える

MDGs
ミレニアム開発目標
寄附やボランティアを基本とした，主として途上国を対象とした国際開発目標

ESG
社会／環境／ガバナンス
企業のCSRを支援する投資家のあり方。CSRを支援すると，リターンにも繋がる

SDGs
持続可能な開発目標
企業が取り組むCSVにおける社会課題として読み変えられる目標／ターゲット

1990年代後半〜　　　　　　　　2011年　　　　　　2025年

1920年代〜　　　　2001年　2006年　　　　2015年　Beyond SDGs

CSR
企業の社会的責任
企業は利益を追求するだけでなく、社会や環境の問題を解決する責任がある

CSV
共通価値の創造
慈善活動ではなく、社会課題解決と事業利益創出を両立する必要がある

出典：StartSDGs

の戦略)』で提唱された比較的新しい考え方で、企業にとって負担がかかるものではなく、社会的課題を自社の強みで解決することで、企業の持続的な成長へつなげる差別化戦略の1つである(図1)。

CSRとCSVの全体構造をイメージすると、SDGsにまつわるESGへの取組みを通じて企業価値向上に繋げる点ではどちらも同じだが、前述の通りCSRは社会的責任を全うする意味での社会的価値と、企業リスクを低減する意味での企業統治による「企業価値」の毀損防止であり、守りのイメージである。これに対しCSVは、自社の強みを活かしてビジネスとして社会問題を解決する意味での社会的価値と、そのビジネスを持続していくために企業収益をあげていく意味での経済的価値の両輪による「企業価値」の向上であり、まさに攻めのイメージとなり、その点においてCSRとは大きく異なる(図2)。

図2の「社会インパクト」とは、事業活動による直接的な結果(アウトプット)がもたらす短期的・長期的な社会や環境への変化や効果(アウトカム)のことをいう(図3)。

3. CSVと三方よし

ポーター教授らが提唱したCSVという差別化戦略の概念は、前述の通り「社会的価値」と「経済的価値」を同時に追求して両立させることである。一橋大学大学院の名和高司教授によれば「ポーターは経済価値こそが最終的な目的で、それを実現するための手段として社会課題の解決を位置付けており、正しい営利主義ではあるが、ここに本家CSVの限界がある」と指摘している。また逆に「日本的経営では、社会的価値を生み出すことが目的で、それができれば経済価値は後からついてくると考える」とも。これなどは大丸創業者の下村彦右衛門が立てた「先義後利」の経営理念に通ずるものがある。さらには「社会的課題」と「経済的課題」を両立させるという意味で、売り手よし・買い手よし・世間よしの「三方よし」は、古くは近江商人が大切にしていた精神で、伊藤忠商事などの経営理念でもあり、非常に日本的経営との親和性は高い。ただ、米国流だと「経済価値」の追求の点で手ぬるいとも指摘されている。名和教授によれば「儲ける力が弱いということは、社会が本当に認める価値を生み出せていないということの裏返しでもある」と認められ、「日本はもっと経済的価値にこだわる必要がある」と提言している。

図2. ESGとCSV/CSRとの関係の全体構造

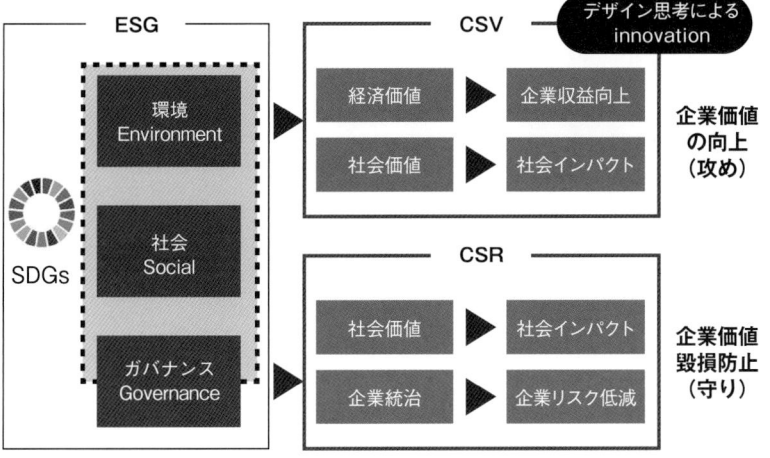

＊ESGへのアクションを，CSV/CSRを通じて，企業価値向上に繋げる．

出典：StartSDGs

図3. 社会的インパクト（ロジックモデル）

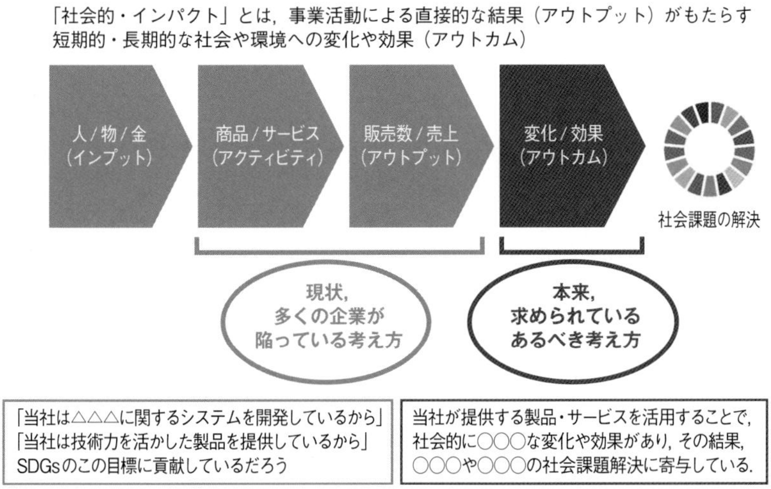

「社会的・インパクト」とは，事業活動による直接的な結果（アウトプット）がもたらす短期的・長期的な社会や環境への変化や効果（アウトカム）

人／物／金（インプット） → 商品／サービス（アクティビティ） → 販売数／売上（アウトプット） → 変化／効果（アウトカム） → 社会課題の解決

現状，多くの企業が陥っている考え方

本来，求められているあるべき考え方

「当社は△△△に関するシステムを開発しているから」「当社は技術力を活かした製品を提供しているから」SDGsのこの目標に貢献しているだろう

当社が提供する製品・サービスを活用することで，社会的に○○○な変化や効果があり，その結果，○○○や○○○の社会課題解決に寄与している．

出典：StartSDGs

いずれにせよ「三方よし」の経営哲学は、日本人の精神性にマッチしており、その点においてはCSRよりもCSVの方が、馴染みが良いことは間違いなく、社会性（課題）と事業性（経済性）はトレードオフの関係ではないことを再認識する必要がある。その

図4. SDGs活用による期待項目

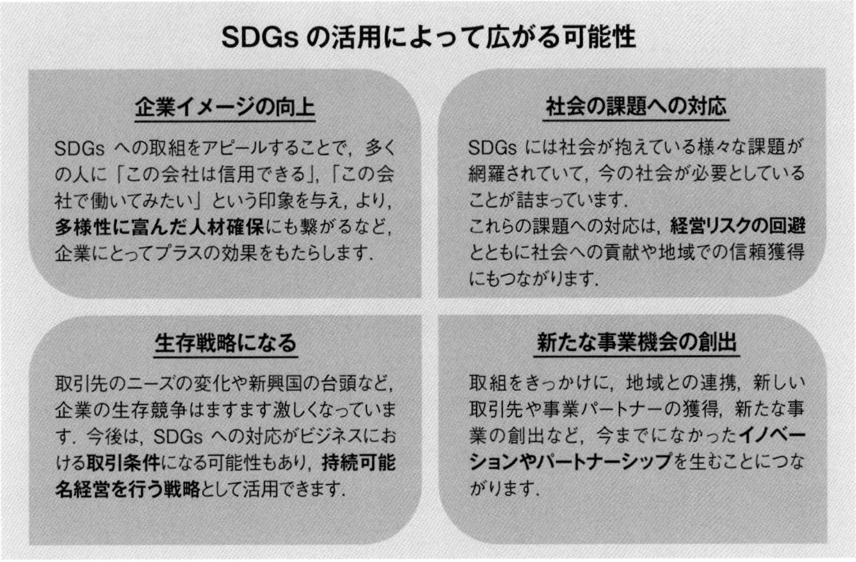

SDGsの活用によって広がる可能性

企業イメージの向上

SDGsへの取組をアピールすることで，多くの人に「この会社は信用できる」，「この会社で働いてみたい」という印象を与え，より，**多様性に富んだ人材確保にも繋がる**など，企業にとってプラスの効果をもたらします．

社会の課題への対応

SDGsには社会が抱えている様々な課題が網羅されていて，今の社会が必要としていることが詰まっています．
これらの課題への対応は，**経営リスクの回避**とともに社会への貢献や地域での信頼獲得にもつながります．

生存戦略になる

取引先のニーズの変化や新興国の台頭など，企業の生存競争はますます激しくなっています．今後は，SDGsへの対応がビジネスにおける**取引条件**になる可能性もあり，**持続可能名経営を行う戦略**として活用できます．

新たな事業機会の創出

取組をきっかけに，地域との連携，新しい取引先や事業パートナーの獲得，新たな事業の創出など，今までになかった**イノベーションやパートナーシップ**を生むことにつながります．

出典：環境省「SDGs活用ガイド（第2版）」

上で、経済性を意識しつつ両輪が等速で回るよう操縦していけば、持続的に目標に向かって真っ直ぐ進むものと思われる。

4．TCFDとCDP、そしてTNFD

SDGsは社会貢献活動のみならず、ビジネスチャンスとして認識し、自社の経営戦略に取り入れ、主力的事業とする企業も増えつつある。SDGs活用ガイド（環境省2018年）によれば、企業がSDGsを活用することにより期待できる点を4つあげている（図4）。

① 　企業イメージ向上
② 　社会の課題への対応
③ 　生存戦略になる
④ 　新たな事業機会の創出

これらの行動実績や情報をステークホルダーに対し適切に開示することは次で述べるTCFDにも繋がってくる。

気候変動のリスクと機会を特定し財務情報として公表する気候関連財務情報開示タスクフォース（TCFD：Task Force on Climate-related Financial Disclosures）は、G20の要請を受け、金融安定理事会（FSB）によ

図5. TCFD提言とそれを支援する推奨開示

ガバナンス	戦略	リスクマネジメント	指標と目標
気候関連のリスクと機会に関する組織のガバナンスを開示する.	気候関連のリスクと機会が組織の事業,戦略,財務計画に及ぼす実際の影響と潜在的な影響について,その情報が重要(マテリアル)な場合は,開示する.	気候がどのように気候関連リスクを特定し,評価し,マネジメントするのかを開示する.	その情報が重要(マテリアル)な場合,気候関連のリスクと機会を評価し,マネジメントするために使用される指標と目標を開示する.

推奨開示	推奨開示	推奨開示	推奨開示
a) 気候関連のリスクと機会に関する取締役会の監督について記述する.	a) 組織が特定した,短期・中期・長期の気候関連のリスクと機会を記述する.	a) 気候関連リスクを特定し,評価するための組織のプロセスを記述する.	a) 組織が自らの戦略とリスクマネジメントに即して,気候関連のリスクと機会の評価に使用する指標を開示する.
b) 気候関連のリスクと機会の評価とマネジメントにおける経営陣の役割を記述する.	b) 気候関連のリスクと機会が組織の事業,戦略,財務計画に及ぼす影響を記述する.	b) 気候関連リスクをマネジメントするための組織プロセスを記述する.	b) スコープ1,スコープ2,該当する場合はスコープ3のGHG排出量,および関連するリスクを開示する.
	c) 2℃以下のシナリオを含む異なる気候関連のシナリオを考慮して,組織戦略のレジリエンスを記述する.	c) 気候関連リスクを特定し,評価し,マネジメントするプロセスが,組織の全体的なリスクマネジメントにどのように統合されているのかを記述する.	c) 気候関連のリスクと機会をマネジメントするために組織が使用する目標,およびその目標に対するパフォーマンスを記述する.

出典：サスティナビリティ日本フォーラム「TCFD提言最終報告書 第2版（2022年4月改訂）」

り、気候関連の情報開示および金融機関の対応をどのように行うかを検討するため、マイケル・ブルームバーグ氏を委員長として設立された。

国際的なイニシアティブ（環境への率先的な取組みや団体）に参加することで、自らの取組みをより先進的、具体的なものとし、ステークホルダーに認知させることができる。TCFDはその代表的なイニシアティブの一つである。

TCFDは2017年6月に最終報告書を公表し、企業等に対し、気候変動関連リスクと機会に関する4要素（ガバナンス、戦略、リスク管理、指標と目標）、11項目について開示することを提言している（図5）。

背景には、気候変動リスクは金融システムの安定を損なう恐れがあり、金融機関の脅威になりうるからである。具体的には以下の3つの経路から均衡が崩れる恐れがある。

①　物理的リスク

洪水、暴風雨等の気象事象による財物損壊等の直接的インパクト、グローバルサプライチェーンの中断や資源枯渇等の間接的インパクト。

②　賠償責任リスク

気候変動による損失を被った当事者が他社の賠償責任を問い、回収を図ることによって生じるリスク。

③　移行リスク

低炭素経済への移行にともない、GHG排出量の大きい金融資産に再評価によりもたらされるリスク。

よって、気候変動は企業経営にとって明確なリスクと機会が生じてくることを忘れてはならない。

TCFDは投資家が企業に求める情報開示の項目を作成するのに対し、CDPは時価総額上位企業に質問書を送付して格付けし、投資家に情報を提供することに注力したNGO団体である。2000年に設立されたプロジェクト「Carbon Disclosure Project」がその前身で、非政府組織ながら歴史のある評価機関として権威をもっている。機関投資家が関心をもつ気候変動関連の情報を収集・開示することに注力し、各社が排出する二酸化炭素の量など企業の環境情報開示を促進する活動を実施している。その内容はTCFD提言をカバーしつつ、TCFD提言を越えた情報開示が可能だという。

また、TNFD（Task Force on Naturerelated Financial Disclosure：自然関連財務情報開示タスクフォース）は、TCFDに続く「自然資本*等」に関する企業のリスク管理と開示枠組みを構築するために設立された国際的なイニシアティブである。2019年1月のダボス会議で着想され、同年5月のG7環境大臣会合においてタスクフォース立ち上げを呼びかけ、2020年7月には4機関**によるTNFD非公式作業部会が結成され、翌2021年6月にTNFDの公開が宣言された。そして、本年9月に本格始動の予定である。

TCFDとの違いは、どちらも国際的組織ではあるが、発足の元となった団体が異なる。そして、TCFDの課題は「気候変動」であり、事業へのリスク対応や環境負荷抑制の活動について検討するにあたり「CO2排出量」という指標で、主な排出源である「サプライチェーン」の見直しに注力されている。

一方、TNFDの課題は「生物多様性」であり、自然資本全体に焦点が広がり、自然環境の壮大さから単一の指標では測れず、地域特性を重視した情報開示が推奨されている（図6）。

TNFDでは、「ネイチャーポジティブ」の実現が謳われている。ネイチャーポジティブとは自然と経済活動の間にポジ

図6. TCFD自然関連情報開示提言 (v0.3)

ガバナンス	戦略	リスクと影響の管理	指標と目標
自然関連の依存度, 影響, リスク, 機会に関する組織のガバナンスを開示する.	自然関連リスクと機会が, 組織の事業, 戦略, 財務計画に与える実際および潜在的な影響を, そのような情報が重要である場合に開示する.	組織が, 自然関連の依存度, 影響, リスク, 機会をどのように特定, 評価, 管理しているかを開示する.	自然関連の依存, 影響. リスク, 機会を評価し管理するために使用される指標と目標を開示する（かかる情報が重要である場合）.
推奨された開示	**推奨された開示**	**推奨された開示**	**推奨された開示**
A. 自然関連の依存度, 影響, リスク, 機会に関する取締役会の監視について説明する. B. 自然関連の依存度, 影響, リスク, 機会の評価と管理における経営者の役割について説明する.	A. 組織が短期, 中期, 長期にわたって特定した, 自然関連の依存度, 影響, リスク, 機会について説明する. B. 自然関連リスクと機会が, 組織の事業, 戦略, 財務計画に与える影響について説明する. C. 様々なシナリオを考慮しながら, 組織の戦略のレジリエンスについて説明する. D. 完全性の低い生態系, 重要性の高い生態系, または水ストレスのある地域との組織の相互作用について説明する.	A. 自然関連の依存度, 影響, リスク, 機会を特定し, 評価するための組織のプロセスを説明する. B. 自然関連の依存度, 影響, リスク, 機会を管理するための組織のプロセスを説明する. C. 自然関連リスクの特定, 評価, 管理のプロセスが, 組織全体のリスク管理にどのように組み込まれているかについて説明する. D. 自然関連の依存度, 影響. リスク, 機会を生み出す可能性のある, 価値創造に使用される見解の情報源を特定するための組織のアプローチを説明する. E. 自然関連の依存度, 影響, リスク, 機会に対する評価と対応において, 権利保有者を含むステークホルダーが, 組織にどのように関与しているかを説明する.	A. 組織が戦略をよびリスク管理プロセスに沿って, 自然関連リスクと機会を評価し管理するために使用している指標を開示する. B. 直接, 上流, そして必要に応じて下流の依存度と自然に対する影響を評価し管理するために組織が使用する指標を開示する. C. 組織が自然関連の依存度, 影響, リスク, 機会を管理するために使用している目標と, 目標に対するパフォーマンスを説明する. D. 自然と気候に関する目標がどのように整合され, 互いに貢献し合っているか, またトレードオフがあるかどうかを説明する.

出典：環境省「生物多様性民間参画ガイドライン（第3版）－ネイチャーポジティブ経営に向けて－」

ティブな相互関係を築くこと：「自社の事業が発展すればするほど、自然環境にプラスの影響を生み出せるような状態」を作り出すことが求められている。つまり、リスク対応だけでなく機会創出についても考えていく必要があり、そのためにはサプライチェーンだけでなく、バリューチェーン全体を見通した自然関連情報の開示が求められている。

TNFDもTCFDと同様にガイダンスの形でフレームワークの更新が繰り返されている。2022年3月リリースのβ版v0.1に始まり、新しいところでは2023年3月にv0.4が公開された。最終の完全版は本

年9月に公開予定であるが、この最新版では、フレームワークの基本コンセプトとそれを補完する付属文書が揃ったので、ほぼ完成形と言える。今秋の完全版公開を待つまでもなく、この間を利用して、自然環境・生物多様性に関連した自社のリスクと機会への理解を深め、本格開示に向けて準備をしておく良い機会ではなかろうか。少なくとも、自社の事業活動等が「自然」とどのような関係を構築しているのか見直してみる良い機会である。

　なお、TNFD提言に賛同するメリットについて言及しておくと、①ESGに関心の高い投資家からの評価を得やすくなることと、②将来的な社会的評価の獲得などが挙げられる。

　ESG投資の概念は、世界的にも年々拡大しており、日本国内においても運用資産額は増加している。今後さらにESG投資が浸透していき、環境・自然資本に世間が注目するようになれば、自然関連情報の開示は、企業の社会的価値や社会的評価の向上を目指す上で欠かせない要素となりえる。

　早い時期からTNFD提言に賛同しておくことは、将来的に有利に働くものと思われる。

　*自然資本：生態系サービス（自然資本から社会が享受する便益）をフローと見直した時のストックに相当。生物多様性も自然資本の一部（図7-1、図7-2）。

　**4機関：国連開発計画（UNDP）、世界自然保護基金（WWF）、国連環境計画金融イニシアティブ（UNEP FI）、グローバルキャノピー（英国環境NGO）

5. 社会課題はビジネスチャンス

　ここまでに言及してきた通り、気候変動や生物多様性・自然資本をはじめSDGs関連の目標に取り組むことは、社会的なリスクや問題の解決に取り組むだけではなく、同時にビジネス機会の創出としても捉えられる。では、誰でもこの「社会課題解決市場」に参入さえすれば「経済的価値」が享受できるのであろうか。

　『SDGsビジネスモデル図鑑』の著者である深井宣光氏によれば、「アイデア追求思考の「アイデア追求型」の人は、まだ誰も知らない（と思い込んでいる）情報を収集して、ビジネスがうまくいくアイデアばかりを追い求めてしまい、新しいアイデアさえあればうまくいくと信じ込んでいる」と指摘する。また「社会のニーズや欲求よりも、思いついたアイデアや、発見した（と

図7-1. 生態系サービス①

■ 生物多様性と自然資本のストック，フロー，価値との関係

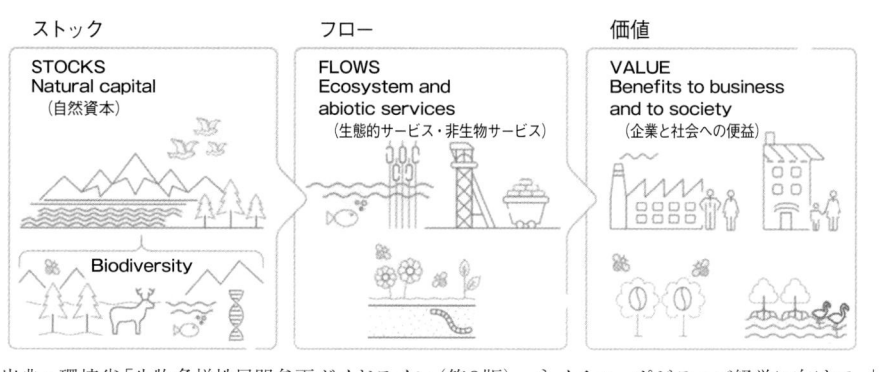

出典：環境省「生物多様性民間参画ガイドライン（第3版）−ネイチャーポジティブ経営に向けて−」

図7-2. 生態系サービス②

■ 生物サービスの分類

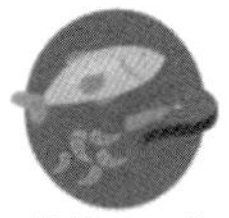 供給サービス （例：食料）	 調整サービス （例：花粉媒介）	 生息・生育地サービス （例：生息環境）	 文化的サービス （例：レクリエーション）
・食料 ・淡水資源 ・原材料 ・遺伝子資源 ・薬用資源 ・鑑賞資源	・大気質調整 ・気候調整 ・局所災害の緩和 ・水量調節 ・水質浄化 ・土壌浸食の抑制 ・地力の維持 ・花粉媒介 ・生物学的防除	・生息・生育環境の提供 ・遺伝的多様性の保全	・自然景観の保全 ・レクリエーションや観光の場所と機会 ・文化,芸術,デザインへのインスピレーション ・神秘的体験 ・科学や教育に関する知識

出典：環境省「生物多様性民間参画ガイドライン（第3版）−ネイチャーポジティブ経営に向けて−」

思っている）アイデアがうまくいくことを証明したいという感情が強い傾向にあり、需要と供給のバランスを冷静に見られなくなり、そのままアイデア優先でビジネスを始めてしまうので、苦境に立たされています」とも述べている。実際、米国の調査会社CBInsightsなどの調査でも、スタートアップの失敗理由の第1位は、市場

に需要がなかった、となっている。

　また同著では、「縦軸を需要の多少、横軸に新規性の高低にしたマトリックスにした時の［需要がなし。新規性あり］のパターンこそが、最もアイデア追求型の陥りがちなパターンで、その対極にある［需要過剰。新規性あり］が、巨大な空白市場である」とのこと。そして「この市場で起業に成功し活躍しているのが、社会課題解決思考の『社会課題解決型』」と述べている。

　この社会課題解決思考の「社会課題解決型」とは、社会が今すぐ解決を求めるほどの需要があるにも関わらず、「供給が足りていない社会課題」「そもそも供給が一切されていない社会課題」を、ビジネスの力で解決していく起業家のことを指している。

　このような発想や思考法、そして行動力は、何も起業家や経営者だけのものではなく、読者の所属する企業の大小にかかわらず、個々のビジネスパーソンが意識しておくべき「切り口」や「視点」としてとても有用である。

6.　おわりに

　TCFDやTNFDについては、紙幅の関係でフレームワークやLEAPアプローチなど仔細なガイダンスの内容は割愛したが、これからの企業課題としての重要性はお伝えできたことと思う。

　また、「社会価値」と「経済価値」の両立、すなわち「企業価値の向上」への攻めの取組みにおいては、デザイン思考を用いたイノベーションの創出が欠かせないことを補足する。

　イノベーションの定義についてはいろいろあるが、少なくとも訳語の「技術革新」ではなく、ましてや「発明」でもない。最も端的に表しているのは「新結合」であろう。これはイノベーションの父と呼ばれた経済学者ヨーゼフ・アロイス・シュンペーターの『経済発展の理論』（1912年）の中で提唱した概念である。

　また、元早稲田大学ビジネススクール教授である内田和成氏によれば「新しい製品・サービスを消費者や企業の日々の活動や行動の中に浸透させることこそがイノベーションの本質である」と強調されている。そして、このことを「行動変容」と呼び、さらに「イノベーションとは技術革新だけに頼るのではなく、人々を取り巻く環境の変化や商品やサービスを利用する人の心理変化が、成功させる要素と

図8. デザイン思考（Design Thinking）

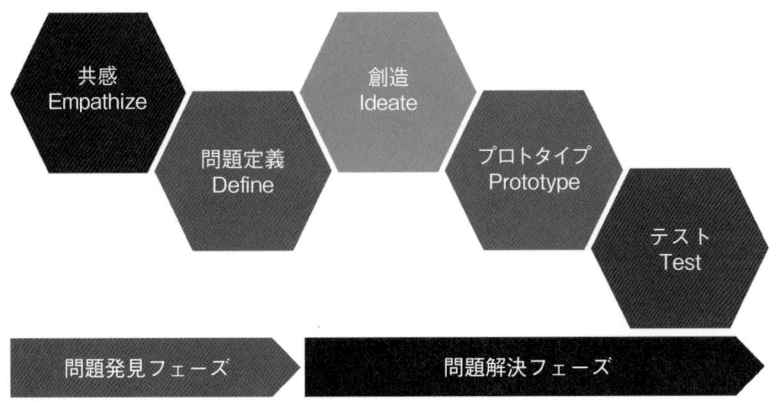

＊デザイナーがデザインするときの思考方法を使って，**イノベーションを生み出し，新規ビジネスを創造したり，社会の問題を解決したりするための思考方法.**
スタンフォード大学が展開するd.School（IDEO方式）では，上記の５つのステップで実施される

出典：StartSDGs

して必要であり、これこそがイノベーションという結果に最も効果のある変化の推進力なのだ」と言及する。

　ここで言うデザイン思考については、ユーザーのニーズを「起点」にして、ユーザーに「共感」しながら解決策を見出すことであり、必ずしも真新しいことを生み出すわけではない。大切なのはユーザーに寄り添い、ニーズを汲み取ることである。これこそが本稿で繰り返し述べてきた解決すべき「社会問題」の抽出である（図8）。

　とくに環境問題に絡んで複雑化する社会課題は、「社会課題解決市場」として急成長している。

　前出の深井宣光氏によれば、「この『社会課題解決市場』は、社会問題や課題によって起こる、社会の構造変化そのものから発生する巨大なトレンドによって生み出されているので、世界の大前提そのものを変えてしまうほどのトレンドである」とのこと。

　つまり、社会課題解決のビジネスの種は豊富にあるので、あとはCSV的発想で「社会的価値」と「経済的価値」を両立できる自社が取り組むべき「社会課題」を選ぶだけである。本稿がそんなビジネスチャンス創出のヒントになれば幸いである。

参 考 文 献

1) 東京商工会議所：「改訂8版環境社会検定試験eco検定公式テキスト」JMAM（2021.5.10）

2) ビジネス＋IT：「CSVとは何か？ CSRとの違いは？ネスレも取り組むポーター教授の差別化戦略の本質」https://www.sbbit.jp/article/cont1/29352（2021.4.1）

3) 名和高司：「ポーター的CSVの限界日本的経営に基づくCSV戦略の勝機」https://dhbr.diamond.jp/articles/-/3313?page=4DHBR（2015.06.17）

4) アスエネ・ウェビナー録：「～TCFD×TNFD対応に向けて～最新動向とフレームワーク解説」（2023.4.27）

5) blue dot green：「TNFDとは？」「～TCFD×TNFD対応に向けて～最新動向とフレームワーク解説」https://www.bluedotgreen.co.jp/column/tnfd/abouttnfd/（2022.11.16）

6) Schroders：「Q&A：「自然資本」とは何か？ また、投資家が関心を示すべき理由とは？」https://www.schroders.com/ja-jp/jp/intermediary/insights/qa-what-is-natural-capital-and-why-should-investors-care/（2021.8.9）

7) 深井宣光：「SDGsビジネスモデル図鑑」KADOKAWA（2023.3.31）

8) D's JOURNAL：「デザイン思考とは？なぜ必要なの？プロセスや便利なフレームワーク、企業の活用事例を紹介」https://www.dodadsj.com/content/220427_design-thinking/（2023.4.27）

9) 内田和成：「イノベーションの競争戦略」東洋経済新報社（2022.4.21）

カーボンニュートラル ― 中国製紙産業による GX（グリーントランスフォーメーション）への道

中国紙パルプ研究院有限公司

黄 挙・郭 彩雲

1. 中国におけるカーボンピークアウト・カーボンニュートラルの背景

1-1. 国際的背景

　温室効果ガスの排出によってもたらされる地球規模の気候変動問題は、現在科学者たちにとって取り組むべきメインテーマであるというのが共通認識となっている。世界的に温室効果ガスが大量に排出されてきた結果、地球の気温は年々上昇し、海面上昇や異常気象による地球各地域での災害多発などが人類だけでなく生物多様性に富んだ地球環境に深刻な影響を及ぼしている。他方では人口が急増するとともに産業発展が急速に進み、呼吸や石炭、石油、天然ガスの燃焼によって二酸化炭素が発生するスピードは、二酸化炭素が有機物へ変換されるスピードをはるかにしのぐものとなっている。

　地球規模の気候変動問題に対応し、国連は世界的な気候変動会議を幾度となく開催し、気候変動への具体的対処のため国際的拘束力のある各種条約の締結に至っている。そのなかでもっとも重要なものは「気候変動に関する国際連合枠組条約」であり、1992年ブラジルのリオデジャネイロで開催された「地球サミット」で採択・署名された世界的な国際条約である。この条約の目的は、地球規模で生じている気候変動問題の解決へ向け国際協力を重ねて温室効果ガスの排出量を削減することにある。時間の経過とともにこの気候変動枠組条約では、「京都議定書」や「パリ協定」などを含む一連の追加的な議定書や協定を採択してきた。追加されたこれらの議定書と協定は条約の規定をさらに改善し、地球規模での気候変動の課題に対処するため、より具体的な排出削減目標と行動計画を提案している。

　しかしながら、気候変動枠組条約から京都議定書に至るまで、監視・統制の効果は十分に発揮されたとは言えず、引き続き気候変動問題への対応と解決に向けての一貫した取決めを考え実行していくため、2015年にフランスのパリで「京都議定書」の失効問題などが話し合われ、パリ協定を採択して2016年に国連ビルで

表1. 中国のNDC（文献「気候変動行動の強化－中国の国家的貢献」より）

	オリジナルNDC（2015年提案）	強化NDC（2020年更新）
CO_2排出量ピークの時期	2030年頃	2030年以前
2005年比GDP単位当たりCO_2排出量	60〜65%減少	65%以上減少
一次エネルギーに占める非化石エネルギー比率	約20%	約25%
森林蓄積の2005年比増加量	約45億m²	60億m²
風力発電・太陽光発電の合計設備容量	—	2030年に12億kW以上

署名された。

　パリ協定は気候変動枠組条約の追加的な協定であり、地球の気温上昇を産業革命前と比べ「2℃未満に抑え、1.5℃以内に抑えるよう努める」ことが中心的な目標として掲げられている。この目標を実現するためパリ協定は気候変動に対処する世界的な行動計画を規定しており、これには「国が決定する貢献（NDC）」の策定、透明性確保、監視強化、モニタリングと客観的評価の仕組み構築などが含まれる。中国が気候変動枠組条約締約国会議（COP）の事務局に提出した「気候変動への対策強化—国家として決定した中国の貢献」には、中国の行動目標が明記されている（表1）。

1-2. 中国国内の背景

　中国はエネルギーの生産大国かつ消費大国であり、改革開放以来、経済発展にともなってネルギー需要が急増し、2007年以降は世界最大の温室効果ガス排出国

となり、1人当たり排出量でも世界平均レベルを上回っている。温室効果ガスの排出抑制という厳しい課題に直面しており、これまでのエネルギー多量消費、温暖化ガスの多量排出、多量汚染という成長優先の手法は、中国国内における資源・エネルギーの大量消費をもたらし生態環境にダメージを与えており、もはや持続可能な形ではない。つまり、二酸化炭素の排出量を削減し、気候変動問題に取り組んでいくことは中国にとっての大命題ということである。

　2020年9月22日、第75回国連総会において習近平総書記は世界に対し厳粛な約束を行った。すなわち、「中国は2030年までに二酸化炭素排出量のピークアウトを実現し、2060年までにカーボンニュートラルを達成するよう努める」というダブルカーボン目標（中国ではこの2つの目標を"双炭目標"と呼ぶ）である。この目標は国内外のさまざまな主要な会議で表明され

表2. カーボンニュートラルの目標に関する習近平総書記の発言内容

2020年12月12日 気候野心サミット	国が定めたNDC（CO_2排出量ピーク2030年以前、CO_2排出原単位65％以上削減、非化石エネルギー比率約25％、風力・太陽光発電の設備容量12億kW以上など）。
2021年4月16日 中仏独オンライン首脳会談	中国は有言実行し、カーボンピークアウトとカーボンニュートラルをエコ文明建設の全体構造に組み込み、グリーン、低炭素、循環型経済の発展を包括的に推進する。中国はHFC（ハイドロフルオロカーボン：フロン類）など非CO_2温室効果ガスを管理強化する「モントリオール議定書」のキガリ改正を受け入れる。
2021年4月22日 気候変動リーダーズサミット	中国がカーボンピークからカーボンニュートラルへの移行を実現すると約束した時間は先進国が要する時間よりもはるかに短いため、中国には多大な努力が求められる。中国は石炭火力発電プロジェクトを厳しく管理し、「第14次5ヵ年計画」期間中は石炭消費量の増加を厳しく抑制し、「第15次5ヵ年計画」期間中に石炭消費量を段階的に削減する。
2021年4月30日 中国共産党中央政治局第29回集団学習	各レベルの党委員会と政府は鉄に痕を残すほど掴み、石を踏む勢いで足跡を残し、スケジュールやロードマップ、設計図を明確にし、資源の効率的利用に基づく経済社会発展、そしてグリーンで低炭素な開発を推進しなければならない。要件を満たさない高エネ・高排出プロジェクトは断固排除しなければならない。
2021年7月30日 中央政治局会議	カーボンピークアウト・カーボンニュートラル化作業を秩序ある方法でしっかりと行い、早急に2030年のカーボンピークアウトに向けた行動計画を策定し、国家戦略を堅持してキャンペーン形態の「炭素削減」を正す。先に新しい仕組みを作り、その後で古い仕組みを壊す（先立後破）。両高（エネルギー消費が多く汚染が多い）プロジェクトのやみくもな開発を断固として抑制する。
2021年12月9日 中央経済工作会議	新しい再生可能エネルギー源や原材料は、エネルギー消費の総量規制の対象外とし、エネルギー消費の「双控（ダブルコントロール）」（消費総量抑制と消費効率改善）からCO_2排出量と原単位の「双控」への早期移行の条件を整える。
2022年1月24日 中国共産党中央政治局第36回集団学習	統合的計画を堅持し4つの関連による対処の必要がある。国家戦略としての全体意識を高めるだけでなく、地域資源の配分や産業分業の客観的な現実も十分に考慮しなければならない、現状を基本としながら長期的な視野をもつべきである。
2022年10月16日 中国共産党第20回全国代表大会報告	中国のエネルギーと資源の保有量に基づき、カーボンピークアウトとカーボンニュートラルを積極的かつ着実に推進し、「先立後破」の原則を守り、「カーボンピークアウト行動」を体系的かつ段階的に実施する。

た（**表2**）。この目標宣言は、中国が世界に対して行った厳粛な約束というだけでなく、中国経済が「グリーン・低炭素」（緑色低炭）を重要な中心軸とし質の高い発展へ向けて進むための戦略的選択でもある。「カーボンピークアウト」と「カーボンニュートラル」の実現は、経済・社会発展にとってあらゆる側面での多次元的・立体的かつ体系的なプロセスとなる。中国の各種政府機関は双炭目標実現へ向けた取組みを進めるため、重要領域および主要産業におけるその実現構想と「1+N」政策システムを構築する一連の支援・保障措置を相次いで発表してきた。

表3. 中国の"双炭"と"1"の政策

	政策	公布日	公布機関
トップレベル設計	カーボンピークアウトとカーボンニュートラルの完全・正確かつ全面的な実施に関する党中央委員会と国務院の意見	2021年10月24日	国務院
	2030年までのカーボンピークアウト行動計画	2021年10月26日	国務院

2021年10月24日、「カーボンピークアウトとカーボンニュートラルの完全・正確かつ全面的な実施に関する党中央委員会と国務院の意見」（以下、「意見」と略）を発表、これがトップレベルの指導意見である「1」に相当し、二酸化炭素排出量のピークアウトとカーボンニュートラルの2つの目標において各産分野や各産業で実施される政策措置が「N」であり、「1+N」という政策体制が全体的統率する役割を果たすことになる。同年10月26日に国務院が発表した「2030年までのカーボンピークアウトに関する行動計画」と併せて、この意見書はピークアウトからニュートラルへの2段階を貫く設計となっている（表3）。

意見書は2025年・2030年・2060年それぞれを達成年として段階的に目標を定め、2060年には非化石エネルギーの使用比率を80%以上にすると初めて言及している（表4）。

表4. 「カーボンピークアウトとカーボンニュートラルの完全・正確かつ全面的な実施に関する党中央委員会と国務院の意見」の段階的目標

目標年	目標内容
2025年	グリーン、低炭素、循環型発展の経済システムが初期に形成され、主要産業のエネルギー利用効率が大幅に改善。GDP単位当たりのエネルギー消費量は2020年比13.5%減、GDP単位当たりCO_2排出量は2020年比18%減、非化石エネルギー消費比率は約20%に達し、森林率は24.1%、森林蓄積量は180億m^2とし、カーボンピークアウトとカーボンニュートラル達成のための確固たる基盤を構築する。
2030年	経済・社会発展の全体的なグリーン転換で目覚ましい成果が得られ、主要なエネルギー消費産業のエネルギー利用効率は国際的な先進レベルとなる。GDP単位当たりエネルギー消費量は大幅に減少し、GDP単位当たりCO_2排出量は2005年比65%以上減少、非化石エネルギー消費比率は約25%、風力発電と太陽光発電の設備容量は12億kW以上、森林率約25%、森林蓄積量は190億m^2に達し、CO_2排出量はピークに達して着実に減少する。
2060年	グリーン、低炭素、循環型経済システムとクリーン、低炭素、安全で効率的なエネルギーシステムが完全に確立され、エネルギー利用効率が国際先進レベルに達する。非化石エネルギー消費比率はさらに高まりカーボンニュートラルの目標は80%以上達成され、エコ文明の構築で実りある成果が得られ、その結果、人間と自然が調和して共存する新たな領域が創造される。

全体構想の設計を導入した後、重点領域の主要産業に対する実施策や各種支援・保障策など中央レベルで「N」政策が次々に導入されている。中央政府に加えて各省の具体的な実施策も「N」政策の範疇に属し、戦略指導書、支援・保障書、地方条例の形で発布される。そうした一連の文書により目標の明確化、役割分担の適

表5.「2030年までのカーボンピークアウトに関する行動計画」の全体目標と10大行動

全体目標
2025年までに非化石エネルギー消費比率約20％、GDP単位当たりエネルギー消費量2020年比13.5％削減、GDP単位当たりCO2排出量2020年比18％減、カーボンピークアウト達成のための確固たる基盤を築く。
2030年までに非化石エネルギー消費比率約25％、GDP単位当たりCO2排出量2005年比65％以上削減、2030年までにCO2排出量がピークに達する。
10大行動
エネルギーのグリーン・低炭素へのモデル転換行動／省エネ・CO2削減の効率向上行動／工業分野のCO2排出量ピークアウト行動／都市・農村建設のCO2排出量ピークアウトの行動／交通輸送におけるグリーン・低炭素の行動／循環型経済によるCO2削減の行動／グリーン・低炭素の科学技術イノベーション行動／CO2吸収能力の強化と向上の行動／グリーン・低炭素の全国民行動／各地域における段階的で秩序あるCO2排出量ピークアウト行動

表6. 中国における双炭および "N" の政策

行動項目	政策	発布年月日	国の機関
エネルギーのグリーン・低炭素へのモデル転換行動	第14次五ヵ年現代エネルギーシステム計画	2022年3月22日	発改委、能源局
	水素エネルギー産業発展中長期計画（2021～35年）	2022年3月23日	発改委
省エネ・CO2削減の効率向上行動	「第14次五ヵ年計画」省エネ・排出削減総合活動計画	2022年1月24日	国務院
	高エネルギー消費重点分野の省エネルギー・炭素削減レベルアップ改造実施ガイドライン（2022年版）	2022年2月3日	発改委、工業情報化部、生態環境部、能源局
工業分野のCO2排出量ピークアウト行動	「第14次五ヵ年計画」工業グリーン発展計画	2021年12月3日	工業情報化部
	鉄鋼業の質の高い発展の促進に関する指導意見	2022年1月20日	工業情報化部、発改委、生態環境部
	セメント産業における省エネ・炭素削減改造・アップグレード実施ガイドライン	2022年2月11日	発改委
	「第14次五ヵ年計画」における石油化学・化学工業の高品質発展の促進に関する指導意見	2022年3月28日	工業情報化部、発改委、科技部、生態環境部、応急管理部、能源局
	化学繊維産業の高品質発展に関する指導意見	2022年4月12日	工業情報化部、発改委
	テクニカルテキスタイル産業の高品質発展に関する指導意見	2022年4月12日	工業情報化部、発改委
循環型経済によるCO2削減の行動	「第14次五ヵ年計画」における循環経済発展計画	2021年7月1日	発改委
グリーン・低炭素の科学技術イノベーション行動	「第14次五ヵ年計画」におけるエネルギー分野の科学技術イノベーション計画	2022年4月2日	能源局、科技部
CO2吸収能力の強化と向上の行動	林業における炭素吸収源審査と認証のガイドライン	2021年12月31日	林業草原局
グリーン・低炭素の全国民行動	カーボンピークアウトとカーボンニュートラルの実現へ向けた人材教育を体系的に実施するための計画	2022年5月7日	教育部
保障措置	2022年の企業による温室効果ガス排出量報告の管理に関する重要課題の通知	2022年3月15日	生態環境部
	グリーン開発支援の税・手数料優遇政策ガイドライン	2022年5月31日	税務総局
	カーボンピークアウト・カーボンニュートラル遂行のための財政支援に関する意見	2022年5月31日	財政部
	カーボンピークアウト・カーボンニュートラル基準測定制度計画の策定	2022年10月18日	市場監督管理総局、発改委、工業情報化部など

正化、措置の強化が図られ、秩序ある連携によるカーボンピークアウトとカーボンニュートラルの政策体系が確立される（**表5、表6**）。

2. 中国製紙産業における"双炭"の現状

2-1. 中国製紙産業の発展状況

中国造紙協会の統計によると、パルプ、紙・板紙、紙製品の2022年総生産量は2億8,391万t、前年比1.32％増であった。そのうち紙・板紙は1億2,425万t、2.64％増、パルプは8,587万t、5.01％増で、紙製品は7,379万t、4.65％減であった。

（1）紙・板紙の生産・消費

中国造紙協会の調査によると、2022年の紙・板紙メーカー数は全国約2,500社であり、紙・板紙生産量は1億2,425万t、前年比2.64％増であったが、消費量は1億2,403万t、1.94％減となり、1人当たり年間消費量は87.84kg（人口14億1,200万人）であった。2013〜22年における紙・板紙生産量の年平均伸び率は2.32％、消費量の年平均伸び率は2.67％である（図1、表7）。

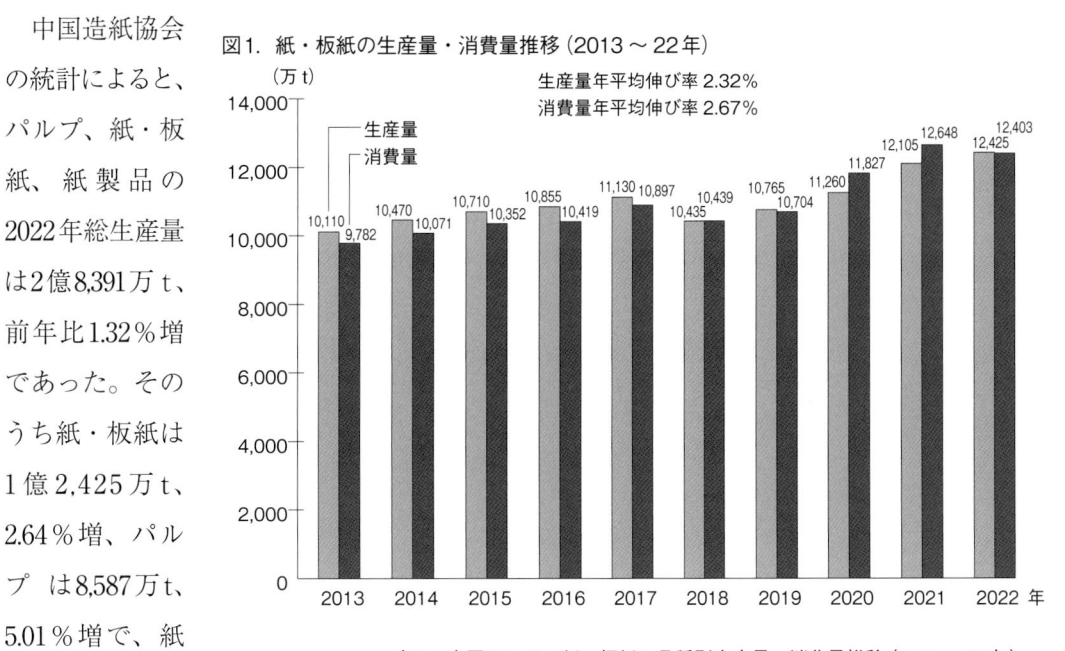

図1. 紙・板紙の生産量・消費量推移（2013〜22年）

表7. 中国における紙・板紙の品種別生産量・消費量推移（2021, 22年）
（単位：万t，％）

	生産量		21/20年	消費量		22/21年
	2021年	2022年	伸び率	2021年	2022年	伸び率
新聞用紙	90	90	0.00	160	135	-15.63
印刷・筆記用紙	1,720	1,735	0.87	1,793	1,678	-6.41
塗工印刷用紙	635	650	2.36	583	500	-14.24
上質コート紙	605	620	2.48	579	491	-15.20
衛生用紙	1,105	1,135	2.71	1,046	1,059	1.24
包装用紙	715	730	2.10	722	731	1.25
白板紙	1,525	1,590	4.26	1,427	1,379	-3.36
塗工白板紙	1,445	1,510	4.50	1,346	1,299	-3.49
ライナー	2,805	2,810	0.18	3,196	3,159	-1.16
中芯原紙	2,685	2,770	3.17	2,977	3,010	1.11
特殊紙・特殊板紙	395	425	7.59	312	287	-8.01
その他紙・板紙	430	490	13.95	432	465	7.64
合　　計	12,105	12,425	2.64	12,648	12,403	-1.94

（資料：中国造紙協会）

表8. 中国における製紙用パルプの品種別生
産動向 (2021, 22年)

（単位：万t, %）

	2021年	2022年	22/21年 伸び率
木材パルプ	1,809	2,115	16.92
古紙パルプ	5,814	5,914	1.72
非木材パルプ	554	558	0.72
葦パルプ	41	41	0
バガスパルプ	72	79	9.72
竹パルプ	242	246	1.65
わらパルプ	159	150	-5.66
その他	40	42	5.00
合　　計	8,177	8,587	5.01

（資料：中国造紙協会）

表9. 中国における製紙用パルプの消費動向 (2021, 22年)

（単位：万t, %）

	2021年		2022年		22/21年 伸び率
	消費量	構成比	消費量	構成比	
木材パルプ	4,151	37.7	4,328	38	4.26
輸　入	2,357	21.4	2,237	20	-5.09
国　産	1,794	16.3	2,091	18	16.56
古紙パルプ	6,311	57.3	6,430	57	1.89
輸　入	327	3.0	336	3	2.75
国　産	5,984	54.4	6,094	54	1.84
輸入古紙	48	0.4	51		6.25
国内古紙	5,936	53.9	6,043	54	1.80
非木材パルプ	548	5.0	537	5	-2.01
合　　計	11,010	100.0	11,295	100.0	2.59

注) 木材パルプの輸入は溶解パルプなどを除いた数量.

（資料：中国造紙協会）

(2) パルプの生産・消費

① パルプ生産量

中国造紙協会の調査によると、2022年のパルプ生産量は8,587万tで前年比5.01％増となった。そのうち木材パルプ2,115万t、16.92％増、古紙パルプ5,914万t、1.72％増、非木材パルプ558万t、0.72％増であった（表8）。

② パルプ消費量

2022年におけるパルプ消費量は1億1,295万tとなり、前年比2.59％増となる。木材パルプは4,328万tでパルプ総消費量の38％を占め、うち輸入木材パルプが20％、国産木材パルプが18％となる。古紙パルプは6,430万tでパルプ総消費量の57％を占めた。そのうち、輸入古紙パルプが3％、国内古紙パルプが54％。非木材パルプは537万tでパルプ総消費量の5％となる（表9）。

③ 古紙利用

2022年の国内回収古紙の消費量は6,585万t、前年比1.45％増で、古紙回収率は53.1％、古紙利用率は53.5％となった。国内の古紙リサイクルの年平均成長率は4.64％である。

(3) 紙製品の生産・消費

統計によると、2022年に統計対象となる指定規模以上の紙製品メーカーは全国に4,727社あり、生産量は7,379万t、前年比4.65％減で、消費量は6,897万t、前年比5.89％減となる。輸入量は16万t、輸出量は498万tであった。2013～22年の紙製品生産量の年平均伸び率は3.69％、消費量の年平均伸び率は3.45％である（図2）。

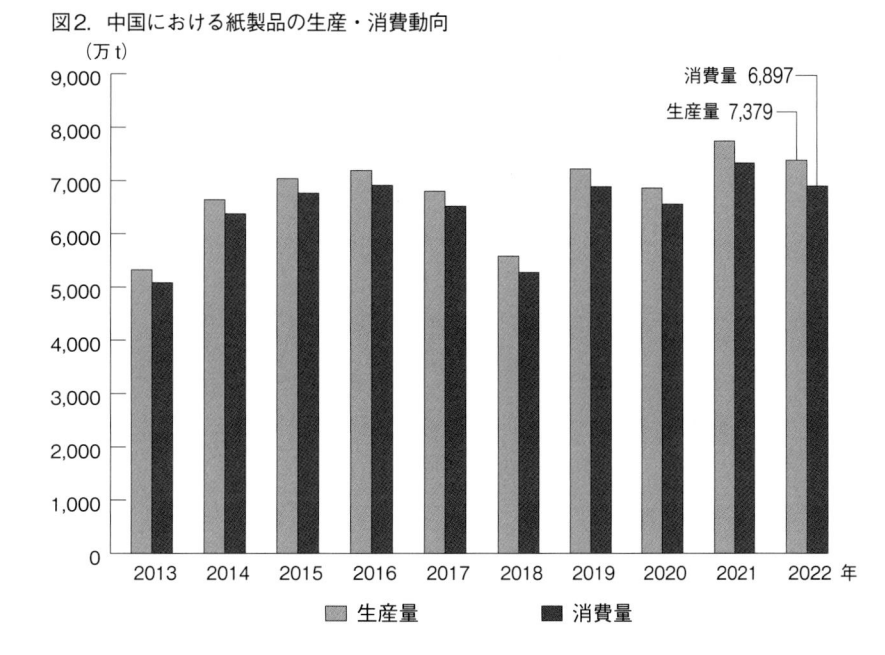

図2. 中国における紙製品の生産・消費動向

（万t）

消費量　6,897
生産量　7,379

生産量　　消費量

2-2. 中国製紙産業における炭素排出量の現状

中国製紙産業の全体的なエネルギー消費量と二酸化炭素排出量は少ないが、化石燃料への依存度は高い。2020年版の「中国エネルギー統計年鑑」によると、2019年における中国の総エネルギー消費量は標準炭換算で48億6,000万tであり、製紙産業の消費量は3,847万tで総エネルギー消費量に占める比率は、他のエネルギー多量消費産業の鉄鋼（16%）、化学（13%）などに比べるとはるかに低い。とは言え、製紙産業が消費するエネルギーは主に電力、熱、石炭であり、全体として化石エネルギーへの依存度が高い。石炭は主に工業用ボイラーで蒸気を発生させるために使用され、その蒸気による熱は主にパルピング、抄紙工程の乾燥・脱水、コーティング、カレンダー処理などのプロセスで使用、電気は主にパルプ設備、抄紙機などの運転のほか、一部は照明や計器類、事務機器などに使用される。

中国の「紙および紙製品製造企業のための温室効果ガス排出量の計算および報告に関するガイドライン（試行版）」のなかで、製紙企業の炭素排出源の種類には主に以下のものがあると指摘している。

① 直接排出

各種タイプの固定式または移動式の燃焼設備（ボイラー、キルン、内燃機関など）で石炭、ガス、軽油、その他の燃料を酸素が完全燃焼されることにより生成される二酸化炭素の排出を指す。

② プロセス排出

製紙および紙製品の製造業におけるプロセス排出は、主に一部企業が購入・消費する石灰石（主要成分は炭酸カルシウム）の分解反応にともなって生じる二酸化炭素排出。

③ 間接排出

純購入の電力と熱（蒸気、熱水）による二酸化炭素排出。

④ 廃水処理

紙パルプ工場からは産業廃水が生じるが、高濃度有機廃水を嫌気性技術により処理する際にメタンが排出される。

製紙産業におけるエネルギー消費量の試算では、2019年のエネルギー消費にともなう二酸化炭素排出量は1億t-CO2未満であった（プロセス排出および非化石燃料の燃焼による直接排出を除く）。そのうち49.3％は電力消費、25.6％が熱消費によるもので、約19.3％が石炭燃焼を原因としていた（図3）。

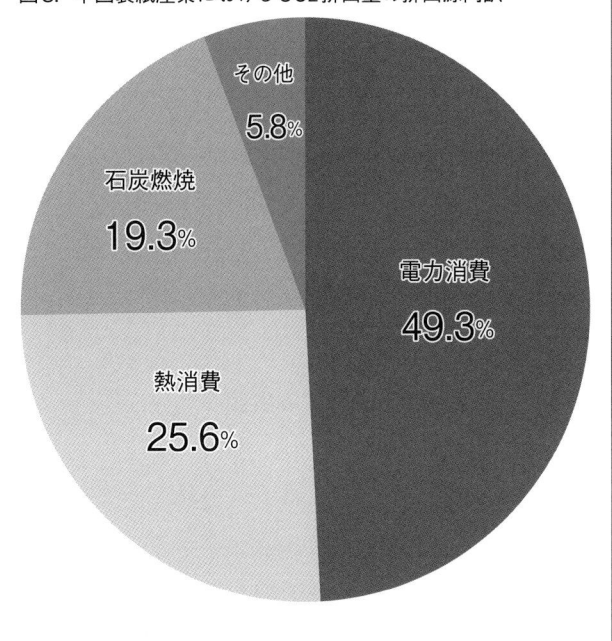

図3. 中国製紙産業におけるCO2排出量の排出源内訳

その他 5.8%
石炭燃焼 19.3%
電力消費 49.3%
熱消費 25.6%

3. 双炭目標の下で中国製紙産業が直面する課題と機会

中国において二酸化炭素の排出原単位を重視する電力、石油化学、化学工業、その他の主要な産業と比較すると、製紙が総排出量に占める割合は比較的低いものの、中国は世界でも紙および紙製品の生産大国であり、多数の企業が存在し大規模企業も増えており。さらに生産量が増大し産業規模が拡大していけば、今後10年間でエネルギー需要は増加し続け、石炭が大半を占めるという現在の高炭素エネルギー構造と相俟って、国家の双炭

目標にそった一段と強力な炭素削減対策の導入が求められてくる。したがって、製紙産業では生産・操業時に発生する温室効果ガスの量をいかに削減し、中国製紙産業のグリーンで高品質な発展を実現するための取組みが喫緊の課題となってくる。

3-1. 製紙産業が直面する課題

（1）コストレベル

中国の製紙産業は化石燃料への依存度が高いため、エネルギー価格上昇により生産コストの増大が課題となっている。エネルギー消費の「双控（ダブルコントロール）」（中国政府が推進する、電力や石炭などの総エネルギー消費量を抑制すると同時にエネルギー消費効率の改善を図る政策）なども影響し、化石燃料のコストが上昇、企業のエネルギーコストが増大している。とくに石炭火力ボイラーや自社所有の石炭火力発電所を備えている企業に直接的な影響を及ぼしている。

（2）管理レベル

製紙産業が二酸化炭素排出権の取引市場に組み込まれた後、企業は炭素管理の圧力増大という課題に直面している。製紙メーカーの自家発電所101ヵ所を対象とする全国排出権取引市場の最初の義務履行サイクルが正式にスタートしたが、これは企業におけるデータ管理、契約履行、資産管理など関連業務の負担が増えることを意味する。

（3）産業チェーンレベル

サプライチェーンにおけるカーボンニュートラルと低炭素に対する障壁は、国際貿易を制限するという問題をもたらす。次いで、EUの国境炭素調整措置（CBAM、国境炭素税）といった、貿易相手国・地域が設定した炭素関税やカーボンフットプリントなどに代表されるグリーンバリア（環境規制による貿易障壁）は製紙業界の国際貿易に大きな影響を及ぼす。

（4）開発レベル

環境保護政策は厳しさを一段と増しており、新規プロジェクトの実施が制限されるという問題を引き起こす。政策発表の強調度から判断すると、国および地方政府はエネルギー消費量と二酸化炭素排出量の多い新規プロジェクトに対し厳しく規制・管理を行っていくと見られ、製紙業界における一部のプロジェクトでは新たに提案した計画の承認・実施が難しいという問題がでてくる。

3-2. 製紙産業発展の新たな機会

双炭目標の設定を背景として、中国製

紙産業は新たな発展の機会を迎えているとも言える。具体的には主に次の側面が含まれる。

(1) 市場のニーズ

世界的に環境保護とサステナビリティへの注目が一層高まってくるにつれ、環境対応型製品に対する市場のニーズが多くなってきている。中国製紙産業はクリーンな生産技術と環境対応の包装材料を採用することで、さらに環境に優しく持続可能な製品を生産して市場のニーズに応え、市場競争力を向上させることができる。

(2) 政策支援

政府は双炭目標を達成するため、企業によるクリーンな生産技術と環境対応の包装材料の採用を支援・奨励する一連の環境保護政策と規制を実施している。これらの政策は、中国製紙産業の発展に対する政策支援と市場保証を提供し、同時に企業に更なる機会をもたらすことになる。

(3) 技術革新

科学技術の絶え間ない発展にともない、新たな環境保護の技術や生産プロセスが相次ぎ提案されている。中国製紙産業は技術革新により高度な生産技術と設備を導入し、二酸化炭素排出と環境汚染を削減しながら生産効率と製品品質を向上させることができる。

(4) 資源優位性

中国には豊富な森林資源、古紙資源、非木材繊維資源があり、製紙産業がカーボンニュートラルを実現する一定の有利な条件がある。さらに資源のリサイクルとバイオマスエネルギーの開発・利用により、資源の効率的利用を進めて二酸化炭素排出量を削減し、グリーンで持続可能な利点を最大限に発揮し高品質の発展を遂げることができる。

4. 中国製紙産業のカーボンニュートラル実現に向けた取組み

中国において製紙産業は長い歴史をもつ産業の1つであり、循環型産業としても注目を集めている。中国経済の急速な発展にともない、中国製紙産業は社会進歩に貢献する一方で、二酸化炭素排出や資源不足といった問題にも直面している。しかし、厳しい局面に曝されても中国の製紙業界は国のガイドラインや政策へ積極的に対応し、カーボンニュートラルの達成に努力を重ね、環境保護と持続可能な開発に取り組んできた。政策はカーボ

ンニュートラルを達成するための基礎であり、企業が環境保護の目標を達成する原動力となる。中国政府は環境問題を重視しており、カーボンニュートラルを達成するために中国製紙産業に対する次のような一連の技術的および人的な支援を策定している。

(1) 環境補助金

企業による環境保護の投資強化を奨励するため、政府は企業の環境保護関連の投資が大幅に増加するよう一定の補助金を提供している。

(2) エネルギー効率改善の補助金

政府が実施する政策は、企業が省エネ・排出削減の目的を達成するため、エネルギー効率改善の新技術・新設備・新プロセス採用を奨励している。

(3) グリーン融資

炭素含有エネルギーの企業を支援する政府の政策であり、企業が石油・石炭を代替する資源を積極的に輸入するよう奨励し、また企業がエネルギー消費量を削減しカーボンニュートラルを達成するため再生可能エネルギーの利用促進を図る制度として利用する。

国家政策の保護の下、中国の製紙業界はカーボンニュートラルの達成に多大な努力を払い、双炭基準の策定、エネルギー構造調整と燃料代替の秩序ある推進、クリーンエネルギーの推進など多くの具体的措置を採用してきた。今後とも生産技術、グリーンパッケージング、資源リサイクルを推進し、業界企業の二酸化炭素排出管理レベルを包括的に向上させ排出量を削減し、省エネ効率を向上させていく方向にある。

4-1. 双炭基準の策定

中国の製紙業界では二酸化炭素排出基準、カーボンニュートラル基準、クリーン生産基準、グリーン包装基準など、一連の双炭基準が確立されている。これらの基準は業界のサステナブルな発展を促進し、二酸化炭素の排出量を削減するために非常に重要である。詳細は次の通り。

(1) 二酸化炭素の排出量と吸収量のデータ収集とモニタリングを強化しており、最適化された排出量と吸収量の算定システムを確立、双炭基準の策定のためデータ的裏付けを提供している。

(2) 二酸化炭素の吸収源拡大を促進するとともに、企業による環境対応強化や低炭素生産方式採用の奨励することを目的とする政策や規制が策定されている。

(3) クリーン生産技術とグリーン包装を

推進し、二酸化炭素排出量と資源の不要な消費を削減し、資源の利用効率を向上させている。

（4）技術の研究開発を強化し、新たな低炭素生産技術や二酸化炭素吸収源の拡大技術を追求しており、業界の低炭素化レベルを向上させている。

（5）国際協力を強化して海外の先進的経験を学び、世界的に二酸化炭素の排出量削減と吸収源の増大目標の実現を促進している。

4-2. エネルギー構造の調整と燃料代替の段階的取組み

中国の製紙産業において汚染と二酸化炭素排出量を削減するには石炭の消費量を減らすことが効果的であるが、それには産業的利点であるバイオマスエネルギーを最大限に活用し可能な限り石炭からそれへ置き換えることが現実的な方法の1つである。現段階で低炭素エネルギー構造を推進するには、自社工場で発生するバークや木くず、乾燥汚泥を最大限に活用することを基本とし、地域内で利用可能な他のバイオマス燃料の集荷・利用を増やし、バイオマス燃料の比率を高めることである。

さらに、自社工場の火力発電所での石炭からガスへの燃料転換、回収ボイラーやライムキルンなどエネルギーのクリーン化、嫌気性排水処理で発生するメタン（バイオガス）の回収利用、太陽光発電などによる再生可能エネルギーの利用を進めていけば効果的に二酸化炭素の排出量削減が行える。こうした対策は企業のエネルギー利用におけるプレッシャーを軽減するだけでなく、長期的な発展に繋がるという意味もある。

4-3. クリーン生産技術の普及促進

省エネと二酸化炭素削減の圧力が強まるなか、その技術面でのブレークスルーを追求していくことが中国製紙産業の変革と高度化の鍵となる。製紙業界ではクリーン生産技術を積極的に提唱・推進しており、パルプ生産、ケミカルリサイクル、漂白、廃熱回収、コージェネレーションなどプロセスにおける省エネ・低炭素技術の研究開発や、低炭素クリーン材料の使用がますます注目を集めるようになった。また、革新的で先進的な生産技術と設備、例えば高効率ダブルディスクリファイナー（DDR）やクローズドドレン回収、抄紙機密閉フード・熱回収、抄紙機用ターボ式真空ポンプなどがすでに普及・応用され、エネルギーと原材料の消費を大幅

に削減すると同時に、生産工程における二酸化炭素排出量を効果的に削減している。こうした省エネ・低炭素技術やクリーン材料の継続的な適用により、中国製紙産業における二酸化炭素排出量はさらに削減され、カーボンニュートラルにも貢献していくと考えられる。

4-4. グリーン包装

中国の製紙産業はグリーン包装の領域においても環境対応の材料と生産工程を採用し、包装の二酸化炭素排出と環境汚染を削減するという取組みも多く行われている。こうした取組みは環境に優しいだけでなく、製品のランクと品質をアップさせながらコスト削減にも繋がる。分解可能、回収可能、リサイクル可能な包装材料で具体的対策が大きく前進している。また、中国製紙産業は環境汚染を引き起こすことなく自然環境で分解する生分解性材料の開発と応用を継続的に行っている。さらにナノセルロースやバイオベースのプラスチックなど、持続可能性が高く環境に優しい新たな包装材料の研究と応用にも取り組んでいる。

4-5. 資源リサイクル

中国製紙産業は廃棄物の利用を強化し資源・エネルギーの消費を削減、その利用効率を向上させ、古紙やその他の資源をリサイクルし再利用することで原材料の消費量を削減し、廃棄物排出量も大幅に削減した。今後ともこの取組みにより資源を最大限に活用するとともに、省エネと排出量削減を実現していく。二酸化炭素排出削減を達成するための重要な対策である。

(1) "林漿紙一体化"（林業・紙パルプの融合）や古紙の回収・利用に協力し、木質繊維の使用比率を適切に増加させる。紙製品を製造する原料として木質繊維を使用することで製品の高品質性が保証されるだけでなく、木質繊維の抽出率が高くパルプ用薬品とエネルギーの消費が少なくてすみ二酸化炭素炭素排出量と環境汚染が低くなる。

(2) 古紙の回収・利用を強化し、エネルギー資源や用水、薬品の消費を削減し、省エネ、汚染削減、二酸化炭素削減での相乗効果を促進する。

(3) 非木材パルプを合理的に開発して使用する。中国では非木材繊維の供給源が広範に及んでおり、製紙会社はクリーンな生産を実施し、非木材繊維の収量を増加させるための高度な低炭素処理技術と関連装置を研究・開発することが可能で

ある。

(4) 製紙工場において廃水処理により発生する製紙スラッジの量は膨大であり、その組成構造は比較的複雑で水分量も多いため、スラッジのリサイクルと無害化処理の強化は製紙会社にとってエネルギー資源の利用効率向上にとって重要な技術的課題の1つである。

4-6. 業界的なレベル向上が求められる 二酸化炭素排出管理

双炭目標のビジョンと排出権取取引の市場メカニズムの下で、中国製紙産業の企業が二酸化炭素排出の管理レベルを向上させることは排出量削減の圧力に効果的な対処をするための重要な保証となり得る。

「紙および紙製品製造企業のための温室効果ガス排出量の計算および報告に関するガイドライン (試行版)」の計算範囲に従い、二酸化炭素排出量の検証および計算システムを確立・改善して生産工程の主要部分での排出量計算を適切に行う必要がある。各企業は生産工程における自社の排出レベルをクリアし、排出削減の可能性を探り、二酸化炭素排出権の取得や排出権取引への参加、それに対応した省エネ・低炭素の技術革新を実現する強固

な基盤を築く。

次に、取得した排出権を資産として管理し、排出権取引を積極的に行い、技術向上により二酸化炭素排出量を削減しつつ、排出権取引の市場手段を駆使して排出削減目標を達成し、コストと排出削減効果を得る必要がある。

さらに、排出管理システムの技術サポートを強化し、省エネ・排出削減管理組織を設立し、排出管理の人材でチームを構成、管理システムとでデータシステムを確立する必要がある。企業は排出量に関しライフサイクル全体にわたる情報システムを構築、産業チェーンとプロセス全体を把握して削減のポイントを明確にし、技術の革新・応用して企業による汚染削減と二酸化炭素削減の変革と実行を継続的に推進する。

5. おわりに

製紙は従来型装置産業として国民経済と国民生活に深く関わる基幹産業であり、エネルギー多量消費と二酸化炭素排出量削減という大きな課題にも直面している。国際的な"低炭素障壁"の増大と中国国内における"双炭"目標の排出削減のプレッシャーを受けており、中国製紙産業はエ

ネルギー構造、生産方式、人為的な炭素固定の面で相互に協力し積極的に取り組んでいく必要がある。それにより投資を増やし、研究して計画・行動し、技術進歩により産業上の優位性を獲得するよう努める。同時に、製紙業界のカーボンピークアウトとカーボンニュートラルのロードマップをできるだけ早く完成させ、効果的なインセンティブと抑制メカニズムを確立、業界全体の協調態勢を促進し製紙産業発展を加速させることが望まれる。体系的な測定や算定、報告の全プロセスのための標準システムを確立し、中国製紙産業がグリーンで低炭素の発展の道を歩むための方向性を示し、システム指導や標準的支援を提供、製紙産業のカーボンニュートラルの目標達成を実現しなければならない。

第Ⅱ章

紙パにとっての "脱プラ" と
代替素材開発

資源循環で容器包装の"紙化"が進展

　紙の三大機能は何かと製紙業界関係者に聞けば「記録する」「包む」「拭く」と直ぐに返ってきたものだが、最近はそう簡単な話で終わりそうもない。「記録する」はネットの普及拡大でデジタル媒体が優勢だし、「拭く」はコロナ禍の下で紙への再評価もあったが、清浄・衛生関連ではもっと便利なものへ替わっていく可能性もある。「包む」は機能性や加工性などによりプラスチックが幅広く多量に使われている。つまり、紙の三大機能は必ずしも揺るぎないものと言えなくなっている。

　しかし、少なくとも「包む」に関しては地球温暖化対策や環境汚染対策の観点から紙に"追い風"が吹き始めているように見える。三大機能に"環境機能"がプラスされた素材が紙であり、包装材料として求められる物性面での技術進化も著しいことから、プラスチック製品の"紙化"が大きなトレンドとなってきそうな勢いにある。

"プラ新法"の施行で期待
代替素材としての新たな役割

　プラスチックは多種多様な分野で活用されている。成形性・加工性に優れ大量生産に向いており、軽量で強度もあって劣化しにくい。使用目的に合わせ機能を付加できるし、他の素材に比べ低コストで提供できる場合が多い。そうした利点によりプラスチック製品は人々の日常生活を支えてきた。しかし、使用済みの廃プラになってしまうと、それら利点は環境汚染や海洋生態系悪化の要因となり、最終的には人へ健康被害をもたらすことになる。近年、プラスチックの資源循環システムを構築するとともに、一方では使用抑制や廃棄削減が強く求められるようになった所以である。

　2022年4月1日に「プラスチックに係る資源循環の促進等に関する法律」（略称・プラ新法）が施行されたが、これは持続可能な社会の実現へ向けプラスチックに関わる問題の対策推進を目的にしており、プラスチック製品の設計から製造、使用後の再利用までの各プロセスにおいて資源循環の取組みを具体化していくための法律である。プラスチック・リサイクルに関連した法律には2000年4月に全面施行となった「容器包装リサイクル法」があり、金属やガラス、紙など他の素材による容器包装も含まれるものの、使用済みとなったプラスチック製容器包装の再商品化促進が主眼であると受け止められた。その後、「改正容器包装リサイクル法」（図

図1. 容器包装リサイクル法の概要

○一般廃棄物の減量化, 資源の有効利用を図るため, 家庭ゴミの約６割(容積)を占める容器包装廃棄物のリサイクルを義務付け.
○リサイクルの義務を負う事業者と分別排出を行う消費者, 分別収集を行う市町村がそれぞれ役割を分担.
○リサイクル義務の対象となる容器包装は, ガラス製容器, PETボトル, 紙製容器包装, プラスチック製容器包装の４種類.

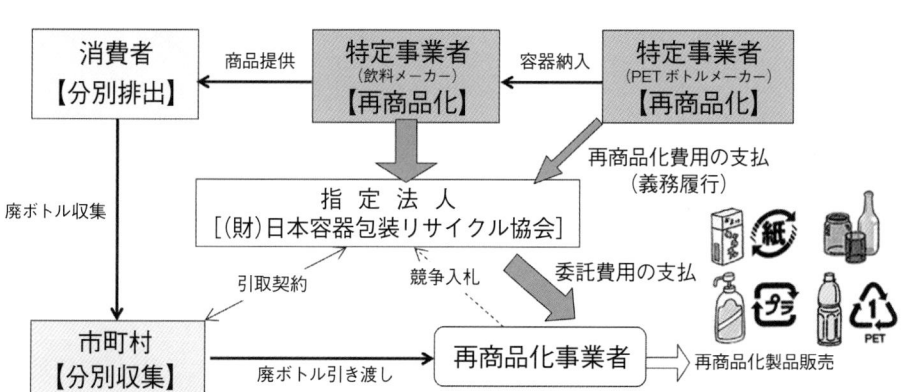

(出典：経済産業省「改正容器包装リサイクル法について」)

1) へと強化され08年完全施行となったが、プラ新法では対象をプラスチック製品に特定、しかも製品は容器包装だけでなくすべてのプラスチック製品についての資源循環を狙っており、製造・販売事業者、利用する事業者・消費者などそれぞれの段階で廃プラの排出抑制と再資源化の取組みを求められている点が大きな特徴である。方法としてプラスチック以外の素材への代替も配慮すべき項目の1つにされており、その部分が製紙業界にとって新たな事業展開の可能性を広げる要素になると期待されている。

実際、製紙業界では従来に比べ代替材料・代替製品の開発に意欲的で製品化も着実に進められている。プラ新法が紙化への直接的影響を与えそうな内容として、例えば「特定プラスチック使用製品」として12品目（フォーク、スプーン、ナイフ、マドラー、ストロー、ヘアブラシ、くし、カミソリ、衣類用ハンガー、衣類用カバーなど）を定めている。それら品目を多量に提供するコンビニ、スーパー、ファストフード、ホテル、クリーニング、ファストファッションなどの小売・サービス業は「特定プラスチック使用製品提供事業者」とされ、年間

5t以上を提供する事業者は「特定プラスチック使用製品多量提供事業者」に指定されて行政の監督対象となる。

　「特定プラスチック使用製品」の使用の合理化対策が求められているわけで、その方法として提供有償化をはじめ製品自体の工夫、すなわち薄肉化・軽量化、原材料で再生可能資源、再生プラスチックなどの利用、繰り返し使用が可能な製品での提供といったことが考えられている。原材料で再生可能資源については紙化もその1つに想定され、先行事例として、飲食店やコンビニなどにおける紙ストローの提供が代表的なものと考えられている。紙ストローだけではなく、紙の機能強化が今以上に進められればもっと広い用途で活躍する局面が増えてくるのは確かだろう。

　実際、既存の紙素材をそのまま適用するだけでなく、強度面などでの技術対応も着実に進展しており、ナイフやマドラー、ハンガーなどの用途向けにプラスチック製と同様に使用可能な剛性のある代替素材の高密度厚紙が提案され、需要企業により採用されている。また、木材繊維を主原料とする素材、CNF（セルロースナノファイバー）強化材料をベースにした複合材料などの開発製品も使われはじめている。いずれも自然由来の木材繊維が原料であり、カーボンニュートラルの観点からも〝脱プラ〟や〝減プラ〟が進められる代替材料として評価されている。

追求される3R＋Renewableと高機能化進む紙製の包装容器

　プラスチック製品の資源循環は特定12品目もさることながら、一般消費財の包装材としてプラスチックが多量かつ多種多様に消費されており、包装材は商品が消費者の手元に届くと不要になる。すなわち使い捨てとなるため、プラ新法施行後に同分野での対策は一段と重視され、企業による取組みが加速し注目される成果も増えている。日本包装技術協会がとりまとめた「2022年日本の包装産業出荷統計の概要」で包装・容器の出荷数量推移を見ても、材料別構成比はわずかずつではある紙・板紙製品の比率が伸びてプラスチック製品が低下する傾向を示している（表1）。

　環境省と農林水産省は「容器包装のプラスチック資源循環等に資する取組事例集」として取りまとめ2023年5月に公表したが、この事例集は直近3年程度の間に

表1. 近年における包装・容器出荷数量の推移（2018 ～ 22年） （単位：1,000t）

材料別	2018年		2019年		2020年		2021年		2022年	
	出荷数量	構成比	出荷数量	構成比	出荷数量	構成比	出荷数量	構成比	出荷数量	構成比
紙・板紙製品	12,695.3	65.3	12,346.2	64.7	12,153.7	65.7	12,746.2	66.2	12,821.4	66.8
プラスチック製品	3,708.9	19.1	3,744.8	19.6	3,512.8	19.0	3,644.0	18.9	3,553.3	18.5
金属製品	1,321.5	6.8	1,304.3	6.8	1,205.9	6.5	1,248.3	6.5	1,208.0	6.3
ガラス製品	1,135.4	5.8	1,069.0	5.6	976.9	5.3	980.9	5.1	1,026.3	5.3
木製品	587.0	3.0	610.0	3.2	638.5	3.5	627.5	3.3	597.1	3.1
包装資材・容器総合計	19,448.1	100.0	19,074.3	100.0	18,487.8	100.0	19,246.9	100.0	19,206.1	100.0
前年比	100.0		98.1		98.4		104.1		99.8	

注) 2022年は一部推定値を含む。

（出典：日本包装技術協会「2022年日本の包装産業出荷統計」）

図2. 環境省・農林水産省がまとめた "取組事例集" で対象とした 3R+Renewable の取組み

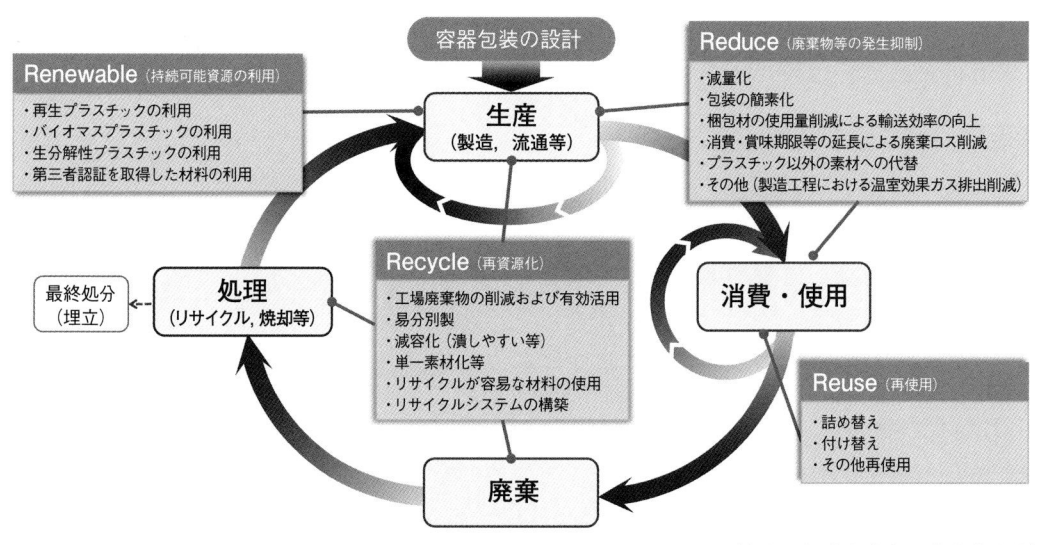

（出典：経済産業省，農林水産省）

環境配慮型の設計が施された容器包装の事例として紹介したもの。容器包装のプラスチック資源循環などを促進する「3R＋Renewable」に関する民間企業の先進的な実施例を知ることができる内容・構成となっている。すなわち、次記項目のいずれか、あるいは複数の組合せで成果をあげている最近の実例を紹介しているということである（図2）。

① Reduce（廃棄物等の発生抑制）

減量化や包装の簡素化、梱包材の使用量削減による輸送効率の向上、消費・賞味期限等の延長による廃棄ロス削減、プラスチック以外の素材への代替など。

② Reuse（再使用）

詰め替え、付け替え、その他再使用など。

③ Recycle（再資源化）

工場廃棄物の削減および有効活用、易

分別性、減容化（潰しやすい等）、単一素材化等、リサイクルが容易な材料の使用、リサイクルシステムの構築。

④　Renewable（持続可能資源の利用）

再生プラスチックやバイオマスプラスチック、生分解性プラスチック、第三者認証取得の材料などの利用。

具体的には食品15社、飲料3社、日用品・化粧品6社、包装材6社の計30社72事例を取りまとめたもので、そのなかには容器包装の紙化の取組みも紹介されており、包装材メーカーとして王子エフテックスと日本製紙が取り上げられている。王子エフテックスでは紙製バリア素材「OJI SILBIO（シルビオ）シリーズ」の石鹸、コーヒー豆、お菓子の包装などでの採用事例が取り上げられている。同素材はプラスチックフィルムの代替素材として使用できる紙製のバリア素材。水系塗工技術によるバリアコート層の付与、蒸着技術、高透明紙とヒートシールOPP使用などにより機能性を高めている点が特徴であり、プラスチックフィルムと同様な機能を実現する。同社事例はこのほか、植物由来プラスチック配合OPPフィルム「アルファンG（グリーン）」、印刷用はっ水紙「OKレインガード」も取り上げられている。また、

日本製紙は紙製バリア素材「シールドプラス」が紹介されている。紙に水系バリア塗工層を付与したもので、包材（各種食品・化粧品など）のプラスチック代替素材として使える。同社製品はほかにも、紙にヒートシール塗工層を施し紙だけでパッケージができるヒートシール紙「ラミナ」、シャンプーや消毒剤などの詰め替えパウチにかわる紙容器「SPOPS（スポップス）」が収録されている。

紙素材利用の製品開発目立つ 液体容器や食品・化粧品分野

製紙業界以外の企業による取組み事例も気になるところであり、以下ではそれら企業の紙化で成果をあげている取組みに焦点をあて紹介しておこう。

味の素　「味の素®」「ハイミー®」および「パルスイート®スリムアップシュガー®」についてプラ素材から紙素材へ替えた。味の素®50ｇ袋ほか、ハイミー®75ｇ袋ほか、パルスイート®スリムアップシュガー®20本入りが対象。Reduce（プラスチック以外の素材への代替）：従来、個装袋はプラスチック（ポリプロピレン、ポリエチレン）の積層フィルムだったが、プラスチック使用量の削減を狙い、その一部を紙に置き替

えることに成功。密封性・強度に関する課題を克服し、素材変更を行い可能な限りプラスチックを削減した。プラスチック使用量削減は味の素®50g袋が改良前にプラスチック1.5gであったが、改良後は紙1.1g、プラスチック0.9gとなった。スリムアップシュガー®ではプラスチック1.8gから紙2.9gになった。

江崎グリコ 学校給食用「グリコ牛乳」のストローレス化。Reduce（減量化）：2022年4月より栃木県、東京都、岐阜県、佐賀県の小学校を中心に提供している学校給食用牛乳に関し、貼付しているストローを廃止。同時に、開封時に指が入りやすく抽出口の傾斜が調整された飲みやすい容器へ変更。また、ストロー廃止の目的を児童や生徒に伝えるため環境教育用の資料を作成した（ストローが必要な児童・生徒にも対応し、従来通りストロー穴を残している）。ストロー廃止によって、23年に21年比で年間約2,500万本のストローを削減見込み（CO_2換算で約25tの削減に相当）。

日清製粉ウェルナ 「あえるだけパスタソース」逸品シリーズで包材を紙化。新設計でFSC認証を取得した。Reduce（プラスチック以外の素材への代替）、Renewable（認証材の利用）：パスタソースのパッケージを紙にすることでプラスチック使用量を削減。従来に比べプラスチック量を40％削減した。

よつ葉乳業 「特選よつ葉牛乳200ml」学校給食向け牛乳ストローを紙へ変更。Reduce（プラスチック以外の素材への代替）、Renewable（認証材の利用）：2022年4月より学校給食向け牛乳200mlのストローをプラスチック製からFSC認証紙使用の紙ストローへ変更した。化石資源由来プラスチック約16t/年の削減（2021年度実績、2020年度比）。

コーセー 「雪肌精うるおい透明美肌キット」緩衝用トレイへの紙混成合成樹脂の採用。Reduce（プラスチック以外の素材への代替）：緩衝用トレイについてプラスチック使用量を削減するため素材の見直しを行い、紙パウダーを混成した合成樹脂に変更。合成樹脂だけの従来品と同程度の耐久性を保ちながら、紙独特の風合いと高級感を表現することができた。紙パウダーと合成樹脂を混成した緩衝用トレイを採用し、プラスチック使用量を従来の同製品に比べ51％削減。紙として廃棄可能である。

大日本印刷 機能性紙パッケージ（DNP

スーパーハイバリア紙包材、DNPラミネートチューブ紙仕様等）。Reduce（プラスチック以外の素材への代替）、Renewable（バイオマスプラスチックの利用、認証材の利用）：再生可能資源である紙をパッケージの一部に使用してプラスチック使用量を削減、紙がもつ保形性や手触り、風合いなどを活かした設計も可能。DNPスーパーハイバリア紙包材は、紙とフィルムの2層構成で、アルミ蒸着PETフィルムと同等のバリア性を付与している。DNPスーパーハイバリア紙包材に加えて、DNPロングライフ用液体紙容器、DNP断熱紙カップHI-CUP®、DNPチャック付き紙容器、DNPラミネートチューブ紙仕様など、さまざまな形態を揃えている。DNPスーパーハイバリア紙包材は、チャック付き3層スタンドパウチ（OPP/アルミ蒸着PET/CPP）よりもCO_2排出量を約17％削減（パッケージの原材料調達・製造・廃棄におけるCO_2排出量）。森林認証紙やバイオマスプラスチックを使用することにより更なるCO_2削減が可能。

東洋製罐グループホールディングス

紙素材を一部使用したトーカンECOカトラリー。Reduce（プラスチック以外の素材への代替）：プラスチック製品のリデュースを促進するべく紙素材約25％の使い捨てカトラリーを開発した。紙素材を約25％使用することにより、CO_2排出量と樹脂使用量を約20％削減（同形状のポリスチレン100％素材品と比較）。

凸版印刷

紙製バリアパッケージ。Reduce（消費・賞味期限等の延長、プラスチック以外の素材への代替）、Recycle（単一素材化等、リサイクルが容易な材料の使用）、Renewable（認証材の利用）：軟包装の一部またはすべてをフィルムから紙に置き換えたバリア性を有する紙製パッケージ。トッパンの透明蒸着バリアフィルム「GL FILM」で培った技術を活用することで、紙を使いながらも高いバリア性を実現している。GL FILMを貼り合わせたタイプのほか、プラスチックフィルムを使わない紙単一タイプもラインアップ。GL FILMを貼り合わせたタイプでは、日用品向けのほかレトルト殺菌が可能な製品もラインアップ。また、使用する紙に森林認証紙も利用可能である。紙を活用することで、プラスチックの使用量を削減。バリア性を有することで内容物の品質保持に貢献する。プラスチックフィルムから成るパッケージからの置き換えにより、包材製造に関わるCO_2排出量を削減することも可能。

「プラスチック資源循環促進法」の施行2年目を迎えて
― 製紙会社の視点で読み解く ―

北越コーポレーション㈱ 商品開発室
中俣　恵一

1. はじめに

「プラスチック資源循環促進法」が施行され2年目を迎えた。私たち製紙産業がこの法律に対してどのように対応するべきかという視点で、法律の概要を整理し、この1年間で企業や自治体がどのように動いたかを概括する。

2. プラスチック資源循環促進法のプレーヤー別役割

プラスチック資源循環促進法では、プラスチック製品について3つのライフサイクルを設定し、それぞれのライフサイクルごとに、対象と対象者、措置事項が別個に定められている（図1）。小売店で提供されるカトラリーやホテルのクシや歯ブラシなどはそのごく一部であり、法令はすべてのプラスチック製品を規制の対象としている。

これらの3つのライフサイクルのうち、私たち製紙会社が知っておくべき「設計・製造段階」と「販売・提供段階」の2つについて、その内容を見てみよう。

2-1. 設計・製造段階

1) 対象と対象者

対象となる製品は「プラスチック使用製品」である。包装資材やカトラリーだけでなく、家電製品や家具類、文房具など、プラスチックを少しでも使用している製品はすべてこの法律の対象となる。対象者は「プラスチック使用製品」を製造するすべての事業者である。

2) 法での措置事項（プラスチック使用製品設計指針）

プラスチック使用製品製造事業者が取り組むべき事項と配慮すべき事項として、「プラスチック使用製品設計指針」が定められている。その概要は次のとおりである[1]。

（1）　構　造

プラスチック製品の構造設計に当たっては、次の8つが定められている。

①減量化、②包装の簡素化、③長期使用化・長寿命化、④再使用が容易な部品の使用、または部品の再使用、⑤単一素材化等、⑥分解・分別の容易化、⑦収集運搬の容易化、⑧破砕・焼却の容易化。

これらの項目のなか、新しい視点とし

図1．プラスチック資源循環促進法の概要[1]

ライフサイクル	法での措置事項 （概要）	対象	対象者
設計・製造	プラスチック使用製品 設計指針	プラスチック 使用製品	プラスチック 使用製品製造事業者等
販売・提供	特定プラスチック 使用製品の使用の合理化	特定プラスチック 使用製品 （12品目）	特定プラスチック 使用製品製造事業者 （小売・サービス事業者等）
排出・回収・リサイクル	市区町村による 分別収集・再商品化	プラスチック 使用製品廃棄物	市区町村
	製造・販売事業者に よる自主回収・再資源化	自らが 製造・販売・提供した プラスチック使用製品	プラスチック使用製品の 製造・販売・提供事業者
	排出事業者による 排出の抑制・再資源化等	プラスチック 使用製品産業廃棄物等	排出事業者

て「単一素材化（モノマテリアル）」と、「分解・分別の容易化」が打ち出されている。いずれも、プラスチックのマテリアルリサイクルを行いやすくするための配慮である。

（2）　材　料

材料面での配慮事項として、次の4つが定められている。

①　プラスチック以外の素材への代替

②　再利用が容易な材料の使用

・再生利用が容易な材料を使用すること

・材料の種類を減らすこと

・再生利用を阻害する添加剤等の使用を避けること

③　再生プラスチックの利用

④　バイオプラスチックの利用

・バイオマスプラスチックを利用すること

・生分解性プラスチックを利用すること

上記①の「プラスチック以外の素材への代替」では紙や木材などへの代替を推奨していて、私たち製紙会社にとって大きなチャンスである。②に記載されている「再生利用を阻害する添加剤等の使用を避けること」について説明すると、これは「酸化型分解性プラスチック」を排除す

ることを意図していると考えられる。

「酸化型分解性プラスチック：Oxo-Degradable Plastic」は通常のプラスチックに添加剤を加えることにより、紫外線や熱による酸化分解を促進させたものである[2]。欧州委員会は「酸化型分解生プラスチックが引き起こす弊害としては、プラスチックのリサイクルルートに紛れ込んだ場合に、再生プラスチックに酸化剤が混入し、再生プラスチックを劣化させてしまうので、リサイクルシステムに重大な障害を与えるという懸念がある」として、2019年3月に可決した使い捨てプラスチックを禁止する欧州の法律には、酸化型分解性プラスチックの使用の禁止が盛り込まれた。

また、欧州では生分解性プラスチックは現行のリサイクルとの相性が良くないことが明らかになっている[3]。そのために生分解性プラスチックの利用は、製品への表示の方法や回収システムにおける分別の方法など、多くの課題が整備されるまでは安易に使用するべきではない、というのが欧州の基本的な考えである[3]。

一方、日本では生分解性プラスチックやバイオマスプラスチックの使用が推奨されている。これは、日本においては循環型ケミカルリサイクル（CR）の推進が重要な位置にあることと密接な関連がある。図2は、中環審循環型社会部会の資料に示された廃プラスチック対策の基本シナリオである。日本における取組みの優先順位は、①発生抑制・再使用・分別回収、②マテリアルリサイクル（MR）、③循環型ケミカルリサイクル（CR）、④バイオマスプラスチックの更なる普及、と整理されている[4]。

この3番目に示されているケミカルリサ

図2. カーボンニュートラルに向けた廃プラスチック対策のシナリオ[4]

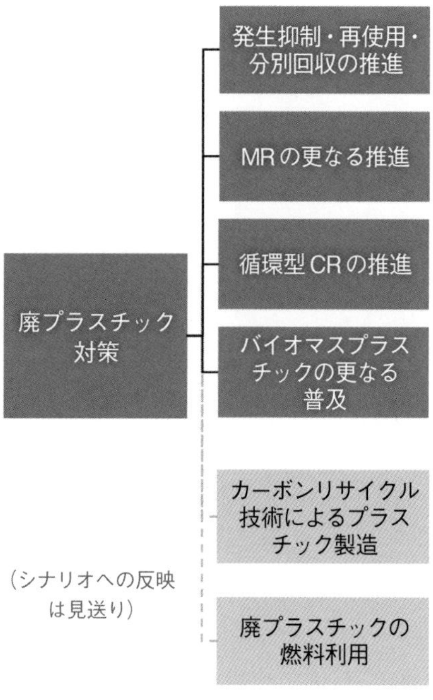

発生抑制・再使用・分別回収の推進

MRの更なる推進

循環型CRの推進

バイオマスプラスチックの更なる普及

廃プラスチック対策

（シナリオへの反映は見送り）

カーボンリサイクル技術によるプラスチック製造

廃プラスチックの燃料利用

イクルは、廃プラスチックを化学的に分解して製品の原料などに再利用するリサイクル方法である。いろいろなケミカルリサイクル技術があるが、もっとも大規模に行われているのが「コークス炉化学原料化技術」である。これは廃プラスチックをコークス炉で熱処理し、炭化水素油（40％）、コークス（20％）、コークス炉ガス（40％）に分解する方法である。得られた炭化水素油はプラスチックなどの原料に、コークスは高炉で鉄鉱石の還元剤に、コークス炉ガスは発電にそれぞれ利用する。このコークス炉リサイクルプラントは日本製鉄の全国5つの工場で稼働している。2021年の処理能力は21万t/年であり、日本のケミカルリサイクルの大半を占めている。

　ケミカルリサイクルの特徴は、いろいろな種類の廃プラスチックをまとめて処理できることである。マテリアルリサイクルと異なり、プラスチックを種類別に分離することが不要であり、生分解性プラスチックの利用がリサイクルの妨げにならない。

　また、バイオマスプラスチックはカーボンニュートラルな素材として位置づけられ、利用の促進が推奨されている。本

格的に普及するまでの間は、マスバランス方式により、バイオマス由来特性を割り当て、先行的に普及させることもこのシナリオに盛り込まれている[11]。バイオマスプラスチックにはいろいろな種類があるが、このシナリオのなかでは普及の対象はポリエチレンやポリプロピレン等の汎用プラスチックである。

（3）　製品のライフサイクル評価

　ここでは「プラスチック使用製品に求められる安全性や機能性について、それぞれがトレードオフの関係となる場合があることに留意しながら、製品のライフサイクル全体の環境負荷を総合的に評価すること」を推奨している。

（4）　情報発信および体制の整備

　次の2点が取り組むべき事項として示されている。

①　指針に則した設計を実施するため必要な人員を確保する

②　プラスチック使用製品の設計に係る取組みの状況を把握し、その情報の開示を積極的に行う

　このように、プラスチックを使用する企業は、スプーンやフォークなどのカトラリーや容器包装にとどまらず、ボールペンや衣類など、あらゆる分野の商品に

ついてこの指針に基づいた取組みと情報開示が求められている。もちろんお菓子やパンなど食品の包装材料も対象であり、もっとも注目されている分野である。

ここで留意するべきことは、「設計」という点に重点が置かれていることである。法の趣旨としてメーカーに商品の設計段階でプラスチックの削減を義務付けているということであり、これを理解した取組みが必要である。

1）設計認定制度

これらの各企業の取組みにインセンティブを与えるために、「設計認定制度」が定められた[1]。これは「同種の製品と比較してとくに優れた設計を認定し、認定されたプラスチック使用製品は、グリーン購入法上の配慮や製造の用に供する施設・設備の支援等を受ける」というものである。

プラスチック使用製品の設計の認定（設計認定）を受けるためには、「国が指定した指定調査機関に、プラスチック使用製品設計指針への適合性についての技術的な調査（設計調査）の申請を行う。指定調査機関は調査結果を国に通知した上で国が設計認定を行う」と定められている。2022年4月に「公益財団法人 廃棄物・3R

研究財団」が指定調査機関として指定を受け、財団内に設置した資源循環調査センターがプラスチック使用製品の設計調査を実施することになった[5]。設計調査の申請は現在準備中であり、主務大臣が製品分野ごとに認定基準を策定次第、設計調査の申請受付を開始する予定である[5]。

2-2. 販売・提供段階

1）対象と対象者

対象となる製品は「特定プラスチック使用製品（12品目）」である[1]。①フォーク、②スプーン、③ナイフ、④マドラー、⑤ストロー、⑥ヘアブラシ、⑦くし、⑧カミソリ、⑪衣類用ハンガー、⑫衣類用カバーが対象として定められている。これらの製品で複数の素材で構成されている製品は、プラスチックの割合が重量比で一番多い場合が対象となる。

対象となる事業者は「特定プラスチック使用製品提供事業者（小売・サービス事業者）」として、それぞれ、①～⑤のカトラリー類が食料品小売業や飲食店、⑥～⑧のヘアブラシ等が宿泊業、⑪⑫のハンガーが小売業および洗濯業と定められている。

これらの対象業者を「特定プラスチック使用製品提供事業者」と呼ぶ。さらに、これらの特定プラスチック使用製品を一年

間に5t以上提供した事業者は、主務大臣による勧告の対象となる「特定プラスチック使用製品多量提供事業者」に指定される。

　主務大臣はすべての特定プラスチック使用製品提供事業者に指導や助言を行い、年間5t以上の多量提供事業者に対しては、取組みが著しく不十分な場合に、勧告、公表、命令等を行うと定められている。さらに、この命令に違反した場合には50万円以下の罰金が処せられるという厳しいものである。

　コンビニ、スーパー、ファストフード、ホテル、クリーニング、ファストファッションなどのチェーン店はほとんどが多量提供事業者に該当すると考えられる。取組みが不十分として公表や命令を受けた場合には消費者イメージを大きく損なうので、それを避けるために各チェーン（企業）が真剣な取組みを進めることを狙っている。逆に、いち早く先駆的な対応をした企業はそれをPRすることにより、消費者に良いイメージを与えることができる。

2) 法での措置事項、特定プラスチック使用製品の使用の合理化（判断基準）

　小売業者やホテルなど、特定プラスチック使用製品提供事業者が取り組むべき事項について、「判断基準」が定められた。その概要は次のとおりである[1]。

（1）　目標の設定

　これらの業種では売上高の変化も大きく、成長戦略を描いている企業も多い。そのために、目標の設定は売上高に対する原単位での公表が推奨されている。たとえば、基準年の特定プラスチック使用量が10tで売上が100億円の場合、売上高原単位が0.1t/億円となる。それに対して目標の年を設定して、「対基準年、原単位20%削減」というように定め、これを達成するための取組みを計画的に行うことが求められている。

（2）　特定プラスチック使用製品の使用の合理化

　プラスチック廃棄物の排出を削減するための具体的な取組みとして、「消費者に対して有償で提供すること」や「消費者の意思を確認すること」などが例示されている。コンビニやスーパーのレジ袋有償化や、ホテルでクシや歯ブラシなどのアメニティを必要な人だけに提供することなどがこれに該当する。有償化は義務付けられているものではなく、選択肢の一つであるので、「レジ袋はご利用ですか」と消費者に一声かけて意思を確認すること

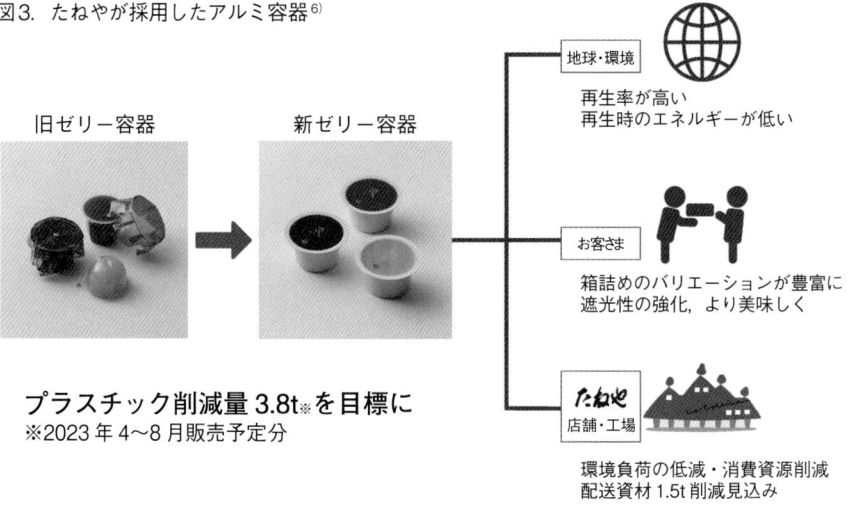

図3. たねやが採用したアルミ容器[6]

旧ゼリー容器　　新ゼリー容器

プラスチック削減量 3.8t※を目標に
※2023年4〜8月販売予定分

地球・環境
再生率が高い
再生時のエネルギーが低い

お客さま
箱詰めのバリエーションが豊富に
遮光性の強化，より美味しく

たねや
店舗・工場

環境負荷の低減・消費資源削減
配送資材 1.5t削減見込み

も選択肢の一つである。

このほかにも「薄肉化、軽量化」や、「繰り返し使用が可能な製品の提供」などが合理化の例として示されている。

(3) 体制の整備と実施状況の把握

対象となる事業者には、責任者を設置して体制を整備することや、従業員に研修を行うことなどが求められている。また、実施した取組みや効果を把握して、その情報を自社のホームページや統合報告書などで公表することも求められている。

3. 企業の取組み事例

製紙各社はプラスチックの容器包装に代わる商品を出しているが、ここでは紙以外の素材に変更した事例を紹介したい。

① たねや

和菓子の「たねや」は、2022年6月に「たねや寒天」をアルミ製の容器に切り替えた。さらに、同年9月に「本生羊羹」、2023年4月からは夏商品のゼリー容器をアルミ容器に切り替えた[6]。同社によるとアルミは何度もアルミとして生まれ変わることができ、コストは高いが、高い遮光性により品質保持に優れる。ゼリー容器の切り替えで今シーズン3.8tのプラスチック削減を目指すということである（図3）。

ここで採用されたアルミ容器は㈱レゾナック（旧・昭和電工）が開発した、アルミニウム箔と樹脂シートを貼り合わせ、プレス成型した食品容器である。樹脂シー

ト部分にシール層・剥離層の構造を持たせ、アルミニウムのハイバリア性と剥離層による易開封性（イージーピール）、樹脂容器の加飾性・成形自由度の高さ・プラスチック削減を実現したという容器であり、もちろんアルミ缶としてリサイクル可能である[7]。30年以上前に発売されたが、プラスチック資源循環促進法の施行によって改めて注目されている商品である。

たねやグループは、滋賀県近江八幡市にある菓子の老舗で、相手が喜ぶことをすれば利益は後からついてくるという意味の「先義後利」に象徴される商いの哲学を掲げ、市場が縮小傾向にある和菓子産業にあって、「現代の近江商人」として成長を続けている[8]。

この事例で注目されるのが、単にプラスチックの容器を他の素材に変えたのではなく、品質保持と意匠性に優れた容器に変えたことである。品質の劣化を防ぐことによって顧客により良いものを提供することができ、環境に良く、自社の売上げ増にもつながるという、「三方よし」の実践と言える。私たちがプラスチックの紙化を考える上で「商品の付加価値を高める」という視点が必要であることを教えてくれる事例である。

② GOOD NATURE HOTEL

京都市のGOOD NATURE HOTEL（㈱ビオスタイル）は、プラスチック資源循環促進法の施行にともない、2022年4月からアメニティの提供について、「脱プラ＋有償提供＋社会還元」の3つを組み合わせた対策を施した[9]。このホテルでは歯ブラシ、ヘアブラシ、シェーバーを宿泊客に持参してもらうことを推奨してきたが、新たに、希望する宿泊客に提供するアメニティをプラスチック製から竹製や木製に切り替えて有償化した（竹製ハブラシ200円、木製ヘアブラシ200円）。さらに、売却した代金は循環型農業支援などに全額を寄付し、その支援内容をホームページ上で公開するというものである。

竹製の歯ブラシは、写真のとおり自然な感じで自宅に戻ってからも使いたくなるデザインである（図4）。

図4. GOOD NATURE HOTELの竹製歯ブラシ[9]

GOOD NATURE HOTEL KYOTOは、「楽しみながら、健康的で良いものを自分らしく取り入れるライフスタイル。"GOOD NATURE" という新しい考え方」をコンセプトにし、2019年12月に開業したホテルである。ホテル自体が緑と自然を感じる設計になっていて、それぞれの部屋には靴を脱いで入り、床も木なのでぬくもりを感じると好評だという。

この事例も、単にプラスチックを別素材に変えるのではなく、ホテル全体のコンセプトにマッチさせ、価値の向上に寄与しているといえる。

4. 自治体の推奨策

プラスチック資源循環促進法は、その普及を促進させるために飴と鞭を用意している。鞭は多量提供事業者に対する勧告、公表、命令等と、命令に違反した場合の罰金であり、飴のひとつは現在準備が進められている「設計認定制度」に基づく各種の優遇策であるが、このほかに、行政や自治体が各種の推奨策を実施している。

① 熊本県の事例

熊本県では、プラスチックごみの削減に取り組んでいる県内の店舗を登録し、

図5. くまもとプラスチックスマートのステッカー [10]

広くPRしていく「くまもとプラスチックスマート」活動を行っている [10]。対象は12品目の特定プラスチック使用製品を提供する小売業者等で、ここに登録すると登録ステッカーを店頭に掲示することができ、熊本県のホームページにその店の取組み内容が紹介される（図5）。本年4月6日時点での登録数は41件であり、登録数の増加と内容の充実が期待されている。

② 京都市の事例

京都市では使い捨てプラスチックの削減に取り組んでいる事業者の取組み内容を市のホームページで紹介し、情報発信を行っている [11]。12品目の特定プラスチック提供事業者に加えて、一般のプラスチック製品使用事業者も対象としている。本年3月28日時点での紹介事例は38である。小売業やホテルなどにとどまらず、企業の事務所、仏教寺院関連、病院、少年鑑別所など、幅広い企業や団体がこの

運動に参加して、きめ細かい取組みを実施しているのが特徴である。

　他の自治体でもさまざまな振興策が行われている。紹介されているのは、バイオマスプラスチックや生分解性プラスチックの一部置き換えや、カトラリー類をプラスチックから木製や紙製に置き換える事例が多いが、ハードルを高くせずに、多くの企業や団体が参加しやすいように工夫されている。一方、前述の「たねや」やGOOD NATURE HOTELのように、商品や企業の付加価値を向上させる事例も散見され、それを見た事業者がその対策を取り入れることで、それらの技術や商品が広がっていくことも自治体や行政が期待している点である。

5. おわりに

　プラスチック資源循環促進法が施行されて1年がたった。企業や行政の動きは、温度差はあるものの、着実に進んでいることが感じられる。今後、プラスチック使用製品の「設計認定制度」が制定され、グリーン購入法などの支援措置の検討が進むことにより、一層進展することが期待される。

　私たち製紙産業がこの法律をチャンス

として活かすためには、単にプラスチックを紙という素材に変えるだけではなく、品質、コスト、感性など、ユーザーにプラスアルファの付加価値を届けるという視点が必要であると考える。

参 考 文 献

1）経済産業省、環境省、「プラスチックに係る資源循環の促進等に関する法律について」、2022年2月

2）European Commission、"The Impact of the Use of Oxo-degradable Plastic on the Environment"、2016年8月7日

3）EUROPEAN COMMISSION "On the Impact of the Use of Oxo-Degradable Plastic、including Oxo-Degradable Plastic Carrier Bags、on the Environment"、2018年1月16日

4）中央環境審議会循環型社会部会（第38回）資料、「廃棄物・資源循環分野における2050年温室効果ガス排出実質ゼロに向けた中長期シナリオ（案）」、2021年8月

5）「資源循環調査センター概要」、公益財団法人廃棄物・3R研究財団ホームページ

6）たねやニュースリリース、「夏商品の

ゼリー容器を再生可能なアルミ容器に
リニューアル」、2023年3月28日

7）レゾナック・ホールディングス、「プ
ラスチック使用量削減に貢献、アルミッ
ク缶がたねや寒天容器に採用」、2022
年6月3日

8）100年企業戦略研究所ONLINE、「三
方よしが企業存続の秘訣. 近江商人や
企業の事例を紹介」、2023年4月23日

9）GOOD NATURE HOTELニュース

リリース、「アメニティ有料とプラス
チックゴミ削減に向けて」、2022年3月
15日

10）熊本県ホームページ、「プラスチック
ごみの削減に取り組んでいる「くまもと
プラスチックスマート店」を募集しま
す！」、2023年4月6日

11）京都市ホームページ、「使い捨てプラ
スチック削減に係る事業者の取組」、
2023年3月28日

循環経済へ向けた水性バリア塗工を中心とする最新技術動向

岩崎 誠

1. はじめに

2022年10月、東京ビッグサイトで開催された「TOKYO PACK 2022-東京国際包装展」において、スウェーデン大使館主催の「スウェーデン包装セミナー」が行われた。副題は「サーキュラーエコノミー先進国スウェーデンによる将来を見据えた包装」で、東京大学・磯貝教授による基調講演「環境にやさしい包装材料セルロースナノファイバー」を含む17件が報告された（表1）。

ここでは上記セミナーのなかから、バリア素材およびバリア塗工技術に関係する話題を取り上げ、他の資料も用いて紹介する。また、昨年のTappi on-line News（Over the Wire）で取り上げられたバリア塗工関連のニュースについても、簡単に紹介する。

表1. スウェーデン包装セミナーでの講演一覧

題 名	講演者
ヨーロッパ包装技術のトレンド	Invest in Skåne
スウェーデンと共に歩む包装の未来	Business Sweden
サステナブル包装材開発〜概要	RISE（スウェーデン国立研究所）
3Dファイバーを使用したパッケージング	RISE（スウェーデン国立研究所）
モールドファイバー・ソリューション	ロットネロス・パッケージング社
Liplid：飲み方の新時代－ドライモールド型コーヒー用リッド	リップリッド社
超軽量飲料容器への試み	エコリーン㈱
サーキュラーバリア素材〜概要	RISE（スウェーデン国立研究所）
サーキュラーバリア	RISE（スウェーデン国立研究所）
持続可能なバリアコーティング技術	UMVコーティング・システムズ社
基調講演：環境にやさしい包装材料セルロースナノファイバー	東京大学大学院農学生命科学研究科生物材料専攻セルロース化学研究室・特別教授 磯貝明氏
コンバーティング技術開発	RISE（スウェーデン国立研究所）
パッケージの循環性は森林から	イグスンドペーパーボードジャパン
フレキソ印刷最新情報	Brobygrafiska グラフィック・パッケージングデザインスクール
コンバーティング＆デザイン	オプティパック社
食品ロスをなくすために：商品安全と新しい保存技術〜概要	RISE（スウェーデン国立研究所）
食用パッケージングとその可能性	RISE（スウェーデン国立研究所）

2. ヨーロッパ包装技術のトレンド：Invest in Skåne

スウェーデン南部のスコーネ地方は、テトラパック社（TetraPak）をはじめマテリアルサイエンスをリードする会社が本社を置くほか、中小企業が150社も集積するなど、パッケージング・材料開発の重要拠点となっている。

講演者のTedin氏（Invest in Skåne：投資誘致等を行う公的機関）は、スコーネ地方も含めた欧州の包装技術のトレンドとして、**表2**のようなトレンド・サステイナビリティへの配慮（このなかには、①リサイクル、②脱プラスチック、③バイオプラスチック、④バリアと複合材料、⑤包装材の削減、が含まれている）を挙げた。ただ、これらの項目中にバリア塗工技術や興味深い素材あるいは企業名は見られるものの、詳細は述べられていないので、もう少し掘り下

表2. トレンド・サステイナビリティへの配慮

①リサイクル	・次のステージへと進むリサイクル（EU全域での拡大生産者責任への対応を目指した新たな開発が必須） ・新たな規格（混合原料のリサイクル性向上と分別性を確保した設計） ・新たなリサイクル技術（世界最大級の全自動プラスチックリサイクル施設「SizeZero」は2023年完成、スウェーデン最初のプラ用ケミカルリサイクル施設は25年にステヌングスンドで完成）
②脱プラスチック	・使い捨てプラ指令（SUP）はプラ包装の削減と使い捨てプラの段階的廃止を目指す ・新たな設計コンセプトの誕生：分別可能なトレイ、Absolute Paper Bottle、繊維ベースリッド（LipLid）、スクリューキャップ（Biue Ocean Closures） ・その他：リサイクル素材や再生可能資源、バイオプラなどを活用した代替品の登場
③バイオプラスチック	・FAOはバイオプラに前向き ・バイオプラの世界生産量は今後10年で倍増と予測（EU指令の内容次第だが） ・既存設備で使用できる鉱物併用の生分解性バイオプラ材料「Biodolomer」：期待の新素材
④バリアと複合材料	・欧州グリーンディールでは2030年までにすべての包装材をリユース・リサイクル可能にすることを目標 ・リユース・リサイクル可能な設計（テトラパック社はアルミ層に代えてファイバーベースのバリア材を採用、ビレルード社はリサイクル性の高いPerformance White Barrier） ・サステナビリティ向上に向けた新型バリア開発協力（例：パルパック、ノルディック・バリア・コーティング、オルガノクリック） ・PET系複合材料の回収率アップを図る新規なリサイクル手法
⑤包装材の削減	・より軽く、小さく、少なく：エコリーンの軽量食品包装、Boxonの自動車産業向けのリユース包装 ・ごみが出ない、食べられる新規パッケージ（Saveggy社のbio-based edible vegan coating） ・食品や小売業向けのリユース可能なテイクアウト用パッケージ（例：Kleen hub（CPH）、Burger King、McDonald'sのパイロットケース） ・店頭・家庭用詰め替え用製品（例：Gram Malmo社、ICA Groupによるバルト3国での廃棄物ゼロパイロットプロジェクト、Coca Cola Sweden社、Skosh社、Lidl Germany社）

げて紹介する。

2-1. 繊維ベースのリッド "Liplid"

リップリッド（LipLid）社については、本セミナーで同社CEOのBerthhold博士が「飲み方の新時代−ドライモールド型コーヒー用リッド」と題して講演されているので、その後の展開を中心に概要を述べる。

同社の沿革を見ると、2016年6月にUnicup Scandinavia ABとして創業し、17年にデンマーク企業と提携してプラスチック製リッド（蓋）向けのツールを作製し、特許出願を行っている。さらにスウェーデンのロットネロス（Rottneros）社（湿式成形法を採用している会社）と共同研究に取り組み、ブランド名「Liplid」を欧州特許庁に登録。18年には最初のプラスチック製リッドの生産（射出成型）を開始し、19年にRISE（スウェーデン国立研究所）と提携して、PLA（ポリ乳酸）やセルロース繊維を用いた生分解性素材による開発に力点を置くようになる。さらに21年に乾式モールドを得意とするPulPac社として契約し、最初の乾式法（超高圧、高温）によるリッドを作製した後、22年に**図1**のような最終デザインを決定し、販売を開始している。

同年3月のプレスリリース[2)]によれば、

図1. リップリッド社作製のリッドをコーヒーカップの蓋に使用

スウェーデンのハンバーガーチェーンであるMAX Burgers社で使われるコーヒーカップでの使用を開始しており、われわれが馴染みのあるプラスチック製リッドと同様、開口部に口をつけて直接飲むことができるが、MAX Burgers社で使われているリッドはスウェーデン産のマツやスプルースから得たパルプを原料としているので、紙製のカップと一緒に100％リサイクルでき、当然生分解性もある。また、素材の必要量が従来品に比べて25％も少ない点が強調されている。

2-2. BOC社のスクリューキャップ[3)]

スウェーデンのスタートアップ企業であるブルーオーシャン・クロージャ（Blue Ocean Closures、BOC）社は、薄いトップシールのバリア層を有するFSC認証パルプからなるスクリューキャップを製造する技術を保有しており、プラスチックの使用

量を減らすことを目的に設立された企業である。

このキャップは紙と同様なルートでリサイクルでき、海洋での生分解性も有しているので、ウォッカなど酒類の瓶を紙で製造することで有名なAbsolute社はこのキャップを紙製の瓶に採用し、瓶もキャップもリサイクルでき、しかも生分解性もある素材であることを強調している。両社はまず、現在使用されているガラス瓶にBOC社のキャップを使用して、性能をチェックしてデザインを手直した後、2023年からは紙製瓶への応用も含め本格的な使用を目論んでいる。最終的には、25年までにスクリューキャップ付きの紙製の瓶からなるパッケージが、リサイクル可能で、しかも堆肥化可能な完全な循環型ビジネスとなることを確信し、目標を立てて取り組んでいる。

2-3. 鉱物を併用した生分解性バイオ材料 "バイオドロマー"[4]

バイオドロマー（Biodolomer）は、スウェーデンのガイア・バイオマテリアルズ（Gaia BioMaterial）社が製造する生分解性のあるバイオ材料であり、炭酸カルシウムと脂肪族–芳香族高分子共重合物をベースにした3種類の素材（バイオドロマーF、バイオドロマーI、バイオドロマーT）がある。

バイオドロマーFは、PLAを含まない生分解性のバイオ素材であり、生分解性のある脂肪族–芳香族共重合ポリエステル、炭酸カルシウムおよび植物油からなる複合物である。この素材は、レジ袋（T-shirt bag）、有機性廃棄物用のごみ袋（organic waste bag）やキャリーバッグなどに使われる非常に薄いフィルムに成型可能である。また、この素材は堆肥化可能で生分解性のある高分子として必要な基準を十分に満足しており、マイクロプラスチックにはならない。

バイオドロマーIは再生可能な資源からつくられ、射出成型プロセスに適合するバイオ素材である。熱成形法に適する生分解性のバイオ素材である。また、生分解性のある脂肪族–芳香族共重合ポリエステル（PBAT）やポリ乳酸（PLA）と炭酸カルシウムからなる複合物のバイオドロマーTは、バイオドロマーFと同様に堆肥化可能で生分解性のある高分子に必要な基準を十分に満足しており、マイクロプラスチックにならない。

なお特筆すべきは、これらの素材は既存の製造設備によって製造できるので、

特別な装置は不要であること。ただ、わが国にも類似した製品があり、安価な無機物の利用がポイントなのかもしれないが、その量が多いと古紙再生の際に無機物由来の廃棄物が多く排出される可能性があることも考慮する必要があろう。

2-4. ビレルード社の"Performance Coating White Barrie"[5]

スウェーデンの紙パルプメーカーであるビレルード（Billerud）社（旧BillerudKorsnas社）は、木材パルプ100％から"FiberForm"（商品名）を開発したことで知られる。この商品の特徴はバリア性はもちろんであるが、深絞り（紙の伸びは25％まで可能）が可能でユニークな形状の成形にも対応、熱可塑性で薄物から厚物まで幅広く塗工できる。しかも手触りが良く、生分解性がありリサイクル可能であり、食品への直接接触も認可されている。

ここで紹介するトピックスは、プラスチックラミがない紙袋（Sack paper）についてである。通常、米麦やセメント向けの紙袋は外層の未晒クラフト紙とプラスチックフィルムでラミネートされた内層が接着された構造になっており、ラミネートされたプラスチックフィルムがリサイクルの障害になる。そこで同社は、プラスチックフィルムを用いる3層構造から、White Barrier（白色顔料を用いた塗工と思われる）を用いた2層構造にすることで、従来と同様な性能（袋の強度、ハンドリング性、内容物の詰替え性、内容物の保存性など）をもち、かつリサイクルも可能な紙袋を、従来と同様な工程で製造した。この場合、プラスチックフィルムのラミネートを省くことができるので、当然カーボンフットプリントも減少できる。さらに、EUではリサイクルできないパッケージへの税金は高いそうなので、節税効果もあるようだ。

2-5. 3社共同による新型バリア材の開発[6]

パルパック（PulPac）社、ノルディック・バリア・コーティング（Nordic Barrier Coating、NBC）社、オルガノクリック（OrganoClick）社の3社は、食品パッケージへの応用を目指した100％バイオベースで、プラスチックもフッ素化合物も含まないバリア材の開発を共同で行っている。

このプロジェクトは、Vinnova（スウェーデン・イノベーション庁）からの資金援助も受けており、2021年後半でのブレークスルーに続いて、乾式モールドファイバー

（Dry Molded Fiber：DMF、図2）に特化し、しかも環境に優しい方法で水分やグリースへのバリア性を付与できる装置のスケールアップに集中的に取り組んでいる。プロジェクトでは、オルガノクリック社の有する化学処理技術とNBC社の押出成形法で特殊物をつくり出す能力を一体化させスケールアップを図っている。パルパック社のDMFは繊維を粉砕することで、貴重な資源である水を使うことなしに紙のパッケージをつくることができる技術であり、節水のみならず省エネルギーにもなるため、CO_2発生量を大幅に削減できる非常に競争力のある方法と言える。

　一方、顧客にとってはプラスチックやフッ素化合物フリーで、生分解性がありリサイクル可能で、家庭でも堆肥化できる利点をもたらすことができる。現在多くのプラスチックが使用されている食品用パッケージや使い捨ての製品に替わる100％バイオベース、リサイクル性も生分解性も備えた製品群であり、応用範囲は広いものと考えられる。

2-6. 軽量食品包装材"エコリーン"[7)]

　エコリーン（Ecolean）社は1996年創業、本社はスウェーデン南部のヘルシンボリで世界に生産工場3拠点を保有し、主な

図2. パルパック社乾式法で作製した蓋，スプーンなど

市場は中国、ベトナムおよびパキスタンとのことであった。

　同社の軽量食品包装"エコリーン（Ecolean）"はユニークなパッケージ、軽量化によるCO_2フットプリントの抑制と効率的な充填機が売りで、紙パックやPETボトルに代わる次世代容器として注目を集めている。PETボトルの3分の1のプラスチックと炭酸カルシウムとからつくられ、500ml容器を製造・出荷する際のCO_2排出量は、PETボトル210gに対してエコリーン37gと、GHG（地球温暖化ガス）を82.4％も削減できる。

　日本においても実績があり、2018年7月に千葉ロッテマリーンズのボランティアスポンサーとして協賛しエコリーン容器

図3. 日本でのエコリーン製品の使用例

を採用した"VICTORY BERRY JUICE"（図3）の販売を開始したほか、アニメ映画『五等分の花嫁』においてはオリジナルデザインパッケージ（全6種絵柄）の清涼飲料水"ECOBEVE（エコビバ）"を22年6月に発売した。エコリーンによる容器はとくに高粘度の食品・飲料に適しており、「絞り出せる容器」「食品廃棄ロスを減らす」「家庭に優しい」を訴求したパッケージとなっているようだ。

　最大50％の軽量化が可能（200ml容量の液体飲料容器では通常PET6gに対してエコリーン製では3.9g（ポリオレフィン63％、バリア層3％、フィラー/顔料34％）のため原料が少なくて済み、当然、使用後の廃棄量も少なくなる。同社は、包装システム全体について環境製品宣言（EPD）を提供する唯一のパッケージサプライヤーとなっている。

　このほか、エコリーン社によれば、①開けやすい、②折り曲げてパチンと止まるだけの再封機能SNAPQUICK™により開閉自在、③電子レンジ対応（アルミフリー）、④空気を充填した注ぎやすい持ち手、⑤中身を出しやすい、⑥高い耐水性をもつうえラベルが剥がれにくい、⑦ほぼ空の状態でも自立可能、などが特徴として挙げられる。

　なお、企業の持続可能性評価を行う独立機関EcoVadisによる評価においては、160ヵ国を超える200以上の業種、9万社のなかで上位1％にランクインされているとのことであった。ただ、紙ベースではないこととリサイクル性がどうなのかが気になる点である。

2-7. Saveggy社のバイオベース・エディブル・ビーガン・コーティング[9]

　全世界では果物や野菜の45％が生ごみ

図4. 紙製バリア包材の構造モデル

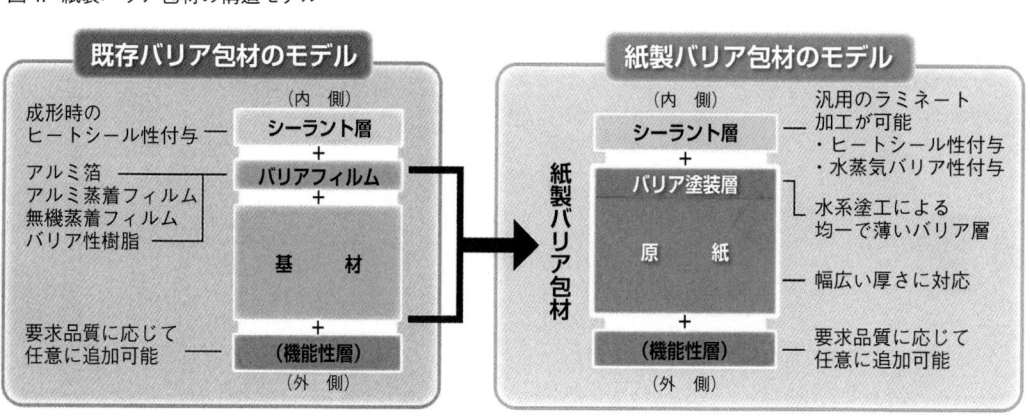

になると言われており、Saveggy社は果物や野菜に可食性のコーティングを行うことで、プラスチックを一切使うことなく食品の保存期間を延ばす技術「バイオベース・エディブル・ビーガン・コーティング（bio-based edible vegan coating）」をスウェーデンのルンド大学とともに開発している。

その方法は、植物から抽出した食品の保存性を高める成分と塗工剤と混ぜて塗工液をつくり、これを工場に運んで果物や野菜に噴霧してコーティングすることで食品の保存性向上や運搬中のロス抑制を実現するというものである。この塗工液は天然成分なので、食品に付着したごみを除去すればそのまま食べることができ、包装材のように廃棄するものが排出

されない。この技術によって食品廃棄物量を減らし、廃棄処理にともなうCO_2発生量を低減できるばかりではなく、食品を目に見えない状態でカバーしているので保存期間が延び、食料危機にも対処できる技術として注目されている。

3. サーキュラーバリア素材：RISE

以下、RISEの研究開発部長・Krochak氏による講演「サーキュラーバリア素材」を紹介する。講演ではバイオベースのバリア素材と塗工技術、とくに将来の塗工技術についても言及された。なお、紹介するバイオベースのバリア塗工は当然のことながら紙が主体となる。プラスチックを用いる現行品と比較した概念図を図4[10]に示す。

表3. TOFA-リグニンによる水蒸気バリア性への影響
（表示は水蒸気透過速度＝WVTRであり、値の低い方が高バリア性となる）

サンプル	WVTR（g/m²/24hr）〈塗工量10g/m²に補正〉
板　紙	480 ± 28
TOFA-広葉樹リグニン	73 ± 11
TOFA-針葉樹リグニン	66 ± 4
PLA	68 〜 84

注）ASTM E95に準じた25℃、50% RHで測定。

3-1. サーキュラーバリア剤

このなかには、①CNFとその誘導体、②リグニン、③脂肪酸、バイオワックス、両親媒性生体分子（セルロースもこの範疇に入る）、④ヘミセルロースとその誘導体、⑤その他の多糖類（でんぷん、アルギン酸、キトサンなど）、等の植物由来、とくに木材由来のものが候補として挙げられている。

それらをバリア素材として塗工する場合には、①バリア性能、②生体高分子の水に対する感受性、③再パルプ化性（離解されシートになるか）、④均一なコーティングができるか、⑤経済的にも優れた素材で既存プロセスへの適合性があるか、などが課題とされる。実際、リグニンを黒液から抽出し、それをパッケージなどへ塗工する際にはリグニンの可塑性を向上させた方がよく、トール油からの脂肪酸（TOFA）によってリグニンをエステル化し、ガラス転移点（Tg）を下げることが可能となる。このようにして作製したTOFA-リグニンを板紙に塗工すると、**表3**[11] のように水蒸気の透過率はPLAを塗った場合より低下するなどバリア性の効果が窺える。しかし、この程度の水蒸気バリア性では食品の保存性向上には十分でなく、更なる検討（例えばCNF＋ワックス＋リグニンなどのバイオベース多層バイオ構造）が必要な状況にある。

3-2. 塗工方式

パッケージが平面基材であれば、従来のロッドコーティングで対処できるが、立体基材の場合にはスプレーコーティングが採用される。将来のスプレーコーティングとしては、①nFOG-エアロゾルベースのコーティング技術、②ESA-静電スプレーの応用が考えられている。

上記のうち①の原理は、2個のアトマイザーを用いると微小液滴（1〜2μm）を発生させることができ、さらにそれを噴霧

すると薄く均一な液膜が形成できる。液滴は重力/圧力差で沈降するので、基材の形状や大きさは問わない特徴がある。また2種類以上の材料をエアロゾル状にして効率的に混合でき、リサイクルも可能なため収率を高められ（最大95%）、スケールアップも容易とのことである。

一方、②の原理は、①と同様に帯電した微小液滴（40μm）を発生させることができ、その結果、薄く均一な液膜を形成帯電した粒子が基材に到達して基材を包みこむことが可能となる。さらに、スプレーの噴射力は重力より強いので液だれは見られない。将来3D基材が増えることが予想されるので、これらの塗工方式が増えてくるものと考えられる。

今後の課題については、リサイクルおよび堆肥化可能なバイオベースのバリア性を低コストで大量生産できる技術開発や、製品群ごとに汎用性ある多層バリア構造の構築が必要、としている。

4. 持続可能なバリアコーティング技術：UMVコーティングシステムズ社

UMVコーティングシステムズ社マーケティング部長であるD. Ragnarsson氏の講演では、INVO®コーターの特徴とその評価などが報告された。

4-1. 概要

同社は画期的なコーティングおよびサイジング技術を開発し、塗工紙・板紙業界への新規導入や再構築を世界的に展開する民間企業で、50年以上の経験をもち、国内外600ヵ所以上での導入実績がある。本社はスウェーデンで、アジアには日本、韓国、シンガポールなど8つの支店を配置している。

4-2. INVO®コーター

同社の誇るINVORコーターは、塗布時のドウェルタイムがほとんどゼロである点に特徴がある。従来型コーターのドウェルタイム0.084秒に対してINVOコーターは0.005秒（両者ともに塗工速度は400m/min）と非常に短く、またメタリングエレメントとしてINVORチップを用い、薄膜でもマルチバリアコーティングが可能かどうかをパイロットプラントによって試作・検討を行っている[12]。

4-3. INVO®コーターの評価結果

・ドウェルタイムが短いほど浸透性が低く、より面配向性の高いバリア材となる
・メータリング方式の違いにより繊維への被覆性が変わる。ロールが柔らかいと

図5. INVOチップを用いた塗工とブレード，平滑ロッド方式との比較

メータリング方式

ブレード	平滑ロッド	INVO® チップ

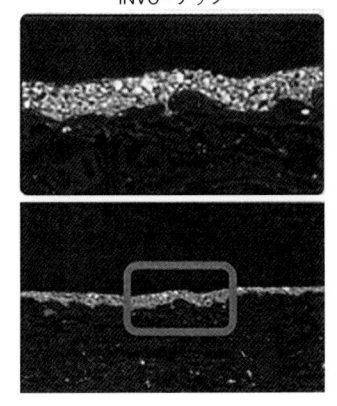
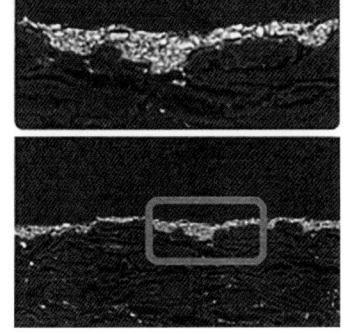
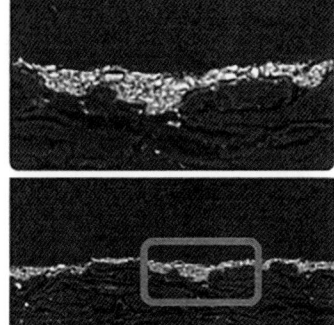
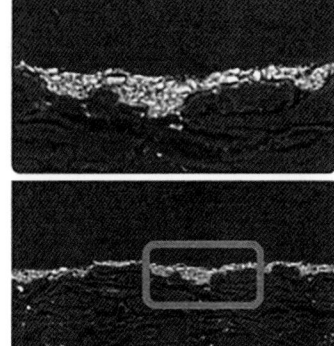

塗工層がより均一になる（INVOチップを使うためとしている。図5）

・穏やかに乾燥することで、被覆の形成をともなわずに水分がゆっくりと蒸発するので、ピンホールの発生を抑制できる

・厚めの1層塗布よりも薄く2層塗布する方が望ましい

4-4. 塗工機導入の動向

・塗工およびサイジング装置は、特殊機能紙バリア用途が主要な市場になると予測される。とくに特殊用途の場合、目的に応じて機械を新設する必要があり、既設ラインでは改変が必要

・製紙メーカーではオフラインコーターに重点が移行しつつある。コンバーター部門では押出やエマルションから水分散液による塗工に移行している。

・すでにオンラインのバリア塗工装置をもつメーカーが欧州を中心にアジア、北米、南米で散見される。

・新型のバリア剤には、MFC（CNFよりも繊維幅が広い）、CNC（セルロースナノクリスタル）、タンパク＆バイオワックスなどがあり、従来よりも高い粘度、その他の特性への対応が求められている。

5. Tappi on-line Newに見るトピックス

ここでは、2022年にTappi on-line News（Over the Wire）で取り上げられた、バリア性機能を有し、かつリサイクル可能な紙製パッケージ技術に関するニュースは7

件あり、ここではそのうち6件の概要を紹介する。

5-1. アークロマ社によるフッ素／アンモニアフリーのバリア剤とバインダー

アークロマ（Archroma）社は、特殊紙用薬品を世界的に展開する会社として知られるが、ここでは、臭気フリーのパッケージへの応用を目指して、フッ素化合物を含まず、かつアンモニア臭のしないバリア塗工剤として2022年3月に販売を開始した"CartasealR VWAF"を紹介する。この薬品を塗工することによって、紙表面に連続した、欠点のないフィルム状の塗工膜を形成でき、その結果、脂肪、油、水および水分に対してバリア性を発揮し、ピザ用の紙箱やファストフード向けの箱に応用した場合、プラスチック使用パッケージと同等の性能が得られる。またこの塗工剤は、FDA（米国食品医薬品局）やBfR（ドイツ連邦リスク評価研究所）の基準をクリアしており、直接食品と接触しても問題はない[13]。この種のバリア剤でフッ素化合物フリーは多いが、アンモニアフリーであることを謳っているものは珍しいのではないだろうか。

なお、同社は19年に原料の30％を天然物あるいは再生可能な素材を含むバインダーも上市しており[14]、これはハンバーガーやサンドイッチ向けなど短時間食品と接する紙に要求されるバリア性を付与できる。

5-2. STIグループによる食品用紙器に使用可能な特殊ワックス[15]

コンポジット缶、ミルクカートン、紙トレー、紙コップなどの食品用紙器には、通常、PEの薄いバリア層が使用されており、そのままではリサイクルが困難なため廃棄処理される。これに対しSTIグループ（本社：ドイツ）は、PEに代わる特殊なワックスをバリア塗工することで、バリア性能は維持しつつリサイクルも可能なパッケージとする技術を開発した。これはとくに手軽さが売りのファストフードや冷凍食品用の包装に使用される。

5-3. シンスロン社の新規なバイオベースバリア剤[16]

前記5-2項と同じように、生分解性のある特殊なワックス使用することで、食品包装のリサイクル性を向上させる方法である。シンスロン（Synthron）社（フランスの塗工用薬品会社Protex internationalの米国子会社）は、ヤシ油あるいは蜂が巣作りのために分泌する蜜蝋由来のワックスを塗工することで、耐水性をもち、リサイク

ル可能な食品用包装紙を上市している。

5-4. 米国特許を取得したHSMG社の バイオベースバリア剤技術[17]

HSMG社はプラスチックやプラスチック塗工された紙製品、あるいはシリコーンやフッ素処理された紙製品の使用削減をミッションとした薬品会社であり、このほど植物ベースの派生物から得られるPROTEAN（内容は不明）を製品製造時に紙にしっかり結合させる技術（PROTEAN技術）を開発し、米国特許を取得した。

この技術を使うことで最終製品のバリア性能と強度特性が向上し、しかもラップ、カップ、モールドファイバーなどの製品は容易にリサイクルでき、かつ堆肥化も可能である。

5-5. 押出塗工バリア剤として有効な "Hydropol"[18]

米国アクアパック（Aquapak）社の"Hydropol"技術は、プラスチックに代わって紙包装を塗工するとプラスチックと同じようにバリア性を発揮し、使用後は、プラスチック素材と違って水に完全に溶解するのでリサイクルができ、廃棄物とならない。Hydropolはポバールをベースにしたポリマーで、酸素、空気、グリース、ガスや石化化成品に対してバリア性を発揮。さらに、水蒸気に対しては吸脱着性があるので、紙包装や不織布に応用することでプラスチックを代替できる。

5-6. アールストローム社が開発した紙ベースパッケージ技術[19]

フィンランドのアールストローム（Ahlstrom）社は従来のプラスチックやフィルムパッケージ並みのバリア性を有する紙ベースの包装技術を開発した[20]。

紙そのもの、とくにセルロース自体が有する非常に良好なバリア性に着目し、抄紙工程でパルプや繊維、繊維の形成やプロセスを選び、機械処理の工程ではリファイニングとプレス乾燥工程で脱水を最適化、さらに表面処理工程では水分をバリアするためのサイジング、酸素と水分バリアのためのプレコーティングを行うとともにセルロース自身のバリア解性を増すことで、水分、酸素、油とグリースのバリア性の確保に成功した。

セルロース自身が固有のバリア性をもつかどうかはわからないが、製紙会社で活用できる技術として興味深い。

6. 製紙工場でのリサイクル：水性バリア塗工の利点

プラスチックやフィルムの代替として、

水性バリア塗工された紙包装材はリサイクルできることを述べてきたが、それらの塗工ポリマーが古紙処理においてどのようになるのか興味のあるところである。この点について、Paper360°に、「製紙工場でのリサイクリング：水性バリア塗工の利点」と題した論文[21] が掲載されており、塗工されたポリマーに関し、パルパーまでの変化が面白く描かれているので、図6に紹介する。

図6. 製紙工場での水溶性コーティング

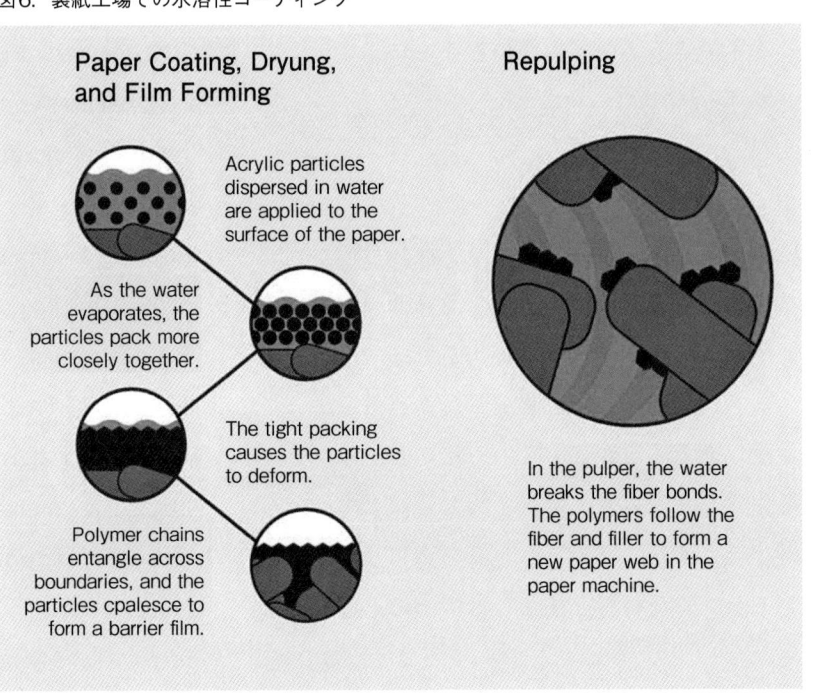

図の左側には、上から、①水に分散したアクリルの粒子が紙の表面に塗布される、②水が蒸発することで粒子は密になり凝集してくる、③粒子がタイトにパッキングされるので粒子は変形する、④ポリマー鎖が界面でもつれ、粒子が潰れてバリアフィルムが形成される、というプロセスが示されており、これが古紙と一緒になって回収された場合、図の右側にあるように、パルパーで水がパルプ繊維の結合を切断すると、ポリマーは繊維やフィラーに追従し、抄紙工程で新たな紙のシートを形成する。

以上から、紙とPE、PPやPETのようなプラスチックフィルムからなる複合品に比べて水性塗工品は、①簡単な処理でリサイクル性が向上し、プラスチック廃棄物量や夾雑物が減少、②環境中に排出されるマイクロプラスチックの量が減少、③比較的少量の水性バリア剤塗工によっ

て十分な機能が得られるため資源を有効に使用できる、などの優位性をもつことが挙げられている。

7. おわりに

　水性塗工は紙包装へのバリア性付与のために必要な手段であり、プラスチック使用量、さらには環境に排出されるマイクロプラスチック量を低減させる有効な手段である。しかし、この方法の目的は紙化にとどまらず、古紙として回収して再び紙にすることであり、紙を真にサステイナブルな材料とすることであると考える。

　2022年に開催された紙パルプ技術協会の年次大会でも、多くの薬品会社などによって「プラスチックから紙へ」を趣旨とした講演が行われ、水性塗料の性質や使用方法、塗工によって得られた製品の品質などが報告された。しかし、リサイクル性についての話題はほとんどなく、次回はこの点についても発表していただきたいと感じた次第である。

参 考 資 料

1）スウェーデン大使館商務投資部主催「スウェーデン包装セミナー」、2022年10月1日（TOKYO PACK 2022内）

2）http://www.liplid.com/catagory/press-releases-eng

3）https://packagingguruji.com/fiber-based-bottle-cap

4）http://galabaiomaterials.com

5）https://packagingeurope.com/news/billerudkorsnas

6）https://www.papertoexport.com/pulpac-nordic-barrie

7）https://www.scolean.com/about

8）https://nippon-akinai-com/eco-project/ecolean

9）https://saveggy.com

10）岩崎誠：紙パルプ技術タイムス、2015年2月号

11）Hult et al；Holzforschung、67：8、P899-905（2013）

12）https://www.umv.com/en/home

13）Tappi on-line News、2022-3-17

14）Tappi on-line News、2022-10-06

15）Tappi on-line News、2022-4-21

16）Tappi on-line News、2022-6-02

17）Tappi on-line News、2022-9-01

18）Tappi on-line News、2022-10-20

19）Tappi on-line News、2022-12-08

20）https://www.ahlstrom.com

21）Oliver Kalmes：Paper 360 °、Jan/Feb, P25（2021）

第Ⅲ章
進化する違法伐採対策

合法性確認や情報提供を義務づけ

政府は去る2月28日、クリーンウッド法の改正案を閣議決定。法案は4月26日に国会で可決成立し、5月8日公布された。向こう2年以内に施行される。改正クリーンウッド法で変わる部分を図に示した。

同法の正式名称は「合法伐採木材等の流通及び利用の促進に関する法律」で、2017年5月20日に施行された。同法では違法伐採を根絶し、合法伐採木材等（家具や紙を含む）の流通と利用促進を図るため、木材関連事業者は自ら取り扱う木材等の原材料となっている樹木が、合法的に伐採されたと確認できるような措置を講ずるよう努めなければならない、とされた。

そして、その確認行為はEUの木材規制法などと同様、デューディリジェンス（あらかじめ払われてしかるべき注意義務・努力）として行わなければならない。また、この法律に基づいて合法性の確認を行う事業者は、国が認定する登録実施機関に登録することができる（任意）。

こうした法律の趣旨に則り日本製紙連合会では、会員企業31社中16社とその関連企業14社の計30社を取りまとめ、団体として（一財）日本ガス機器検査協会（JIA）に一括して登録している（表）。

同法は2016年のG7伊勢志摩サミット開催に間に合うように、議員立法として比較的短期間のうちに審議・成立した経緯もあり、施行直後から「努力義務程度では違法伐採を抑制するのに不十分」との声が内外から寄せられていた。また当初から「施行後5年を目途に見直しを行う」とされていたため、かねて林野庁を中心に検討が進められ今回の閣議決定に至ったもの。

製紙連によると、改正案の骨子は次の通り。

図. 改正クリーンウッド法で変わる部分

(1) 川上・水際の木材関連事業者による合法性確認などの義務づけ

　川上・水際の木材関連事業者に対し、国内の素材生産販売事業者（立木の伐採・販売など）、外国の木材輸出事業者から木材などの譲受をする時には、①合法性の確認、②記録の作成と保存（いわゆるデューディリジェンス）を実施し、他の事業者に譲り渡す場合には、これらに関する③情報を伝達することが義務化された。それぞれについて、もう少し詳しく言及すると、

①**合法性の確認**…川上・水際の木材関連事業者は、森林法に基づく伐採届出書の写し、原産国の政府（関連）機関が発行した証明書の写しなどの原材料情報を収集し、法令に違反して伐採されていないか確認しなければならない。

表. 現行クリーンウッド法一括登録決定企業一覧表（日本製紙連合会）
（2021年10月現在）

申請者名	申請種別	登録番号
OCM ファイバートレーディング㈱	1種、2種	JIA-CLW-Ⅰ，Ⅱ 17006号
王子木材緑化株式会社	1種、2種	JIA-CLW-Ⅰ，Ⅱ 17007号
王子グリーンリソース㈱	1種、2種	JIA-CLW-Ⅰ，Ⅱ 17008号
王子製紙㈱	2種	JIA-CLW-Ⅱ 17009号
王子マテリア㈱	2種	JIA-CLW-Ⅱ 17010号
王子エフテックス㈱	2種	JIA-CLW-Ⅱ 17011号
王子イメージングメディア㈱	2種	JIA-CLW-Ⅱ 17012号
王子ネピア㈱	1種、2種	JIA-CLW-Ⅰ，Ⅱ 17013号
王子キノクロス㈱	1種、2種	JIA-CLW-Ⅰ，Ⅱ 17014号
王子グリーンエナジー江別㈱	2種	JIA-CLW-Ⅱ 17015号
王子グリーンエナジー日南㈱	2種	JIA-CLW-Ⅱ 17016号
大阪製紙㈱	2種	JIA-CLW-Ⅱ 17017号
大王製紙㈱	1種、2種	JIA-CLW-Ⅰ，Ⅱ 17018号
中越パルプ工業㈱	1種、2種	JIA-CLW-Ⅰ，Ⅱ 17019号
中越パルプ木材㈱	1種、2種	JIA-CLW-Ⅰ，Ⅱ 17020号
中越緑化㈱	1種、2種	JIA-CLW-Ⅰ，Ⅱ 17021号
特種東海製紙㈱	2種	JIA-CLW-Ⅱ 17022号
新東海製紙㈱	1種、2種	JIA-CLW-Ⅰ，Ⅱ 17023号
日本製紙㈱	1種、2種	JIA-CLW-Ⅰ，Ⅱ 17024号
日本製紙パピリア㈱	1種、2種	JIA-CLW-Ⅰ，Ⅱ 19001号
日本製紙クレシア㈱	1種、2種	JIA-CLW-Ⅰ，Ⅱ 19002号
兵庫パルプ工業㈱	2種	JIA-CLW-Ⅱ 17025号
北越コーポレーション㈱	1種、2種	JIA-CLW-Ⅰ，Ⅱ 17026号
北越東洋ファイバー㈱	2種	JIA-CLW-Ⅱ 17027号
丸三製紙㈱	2種	JIA-CLW-Ⅱ 17028号
丸住製紙㈱	2種	JIA-CLW-Ⅱ 17029号
三菱製紙㈱	1種、2種	JIA-CLW-Ⅰ，Ⅱ 17030号
リンテック㈱	1種、2種	JIA-CLW-Ⅰ，Ⅱ 18013号
レンゴー㈱	1種、2種	JIA-CLW-Ⅰ，Ⅱ 17031号
レンゴーペーパービジネス㈱	1種、2種	JIA-CLW-Ⅰ，Ⅱ 17032号
合計　30社（13グループ）		

＊種別凡例
(1) 第一種木材関連事業
　（a）樹木の所有者から当該樹木を材料とする丸太を譲り受けた者が行う当該丸太の加工、輸出または販売（消費者に対する販売を除く＝以下同）をする事業（第三者に委託して当該加工、輸出または販売をする事業を含む）。
　（b）樹木の所有者が行う、当該樹木を材料とする丸太の加工または輸出をする事業（第三者に委託して当該加工または輸出をする事業を含む）。
　（c）樹木の所有者から当該樹木を材料とする丸太の販売の委託または再委託を受けた者（その者から当該丸太の販売の再委託受けた者を含む）が行う、当該丸太を木材取引のために開設される市場において販売をする事業。
　（d）木材等の愉入を行う事業
(2) 第二種木材関連事業
　木材関連事業者が行う事業のうち、第一種木材関連事業以外の事業

②**記録の作成と保存**…前記の原材料情報に関する記録を作成するとともに、合法性が確認された木材であるか否かの別についても記録を作成し、一定期間にわたり保存しなければならない。

③**情報の伝達**…他の木材関連事業者に木材を譲り渡す時には、前記の記録に関する情報を伝達しなければならない。

(2) 素材生産販売事業者による情報提供の義務づけ

前記 (1) −①合法性の確認が円滑に実施されるように、国内で丸太の生産・販売を行う素材生産販売事業者に対し、木材関連事業者からの求めに応じ、伐採届などの情報提供を行うことを義務づけ。

(3) 前記 (1) および (2) の履行を確保するための措置

①**罰則などの規定**… (1) および (2) に関し、主務大臣による指導・助言、勧告、公表、命令、命令違反の場合の罰則（最高100万円）を措置。

②**定期報告の義務づけ**… (1) に記した「川上・水際の木材関連事業者」のうち、一定規模（省令で定める一定金額および数量）以上の者は毎年1回、主務大臣に対し (1) の②で記録した合法性確認木材などの数量を報告することを義務づけ。

(4) 小売事業者の木材関連事業者への追加

合法性の確認などの情報が消費者まで伝わるよう、家具や木製品などを販売する小売事業者を木材関連事業者に追加し、登録実施機関の登録を受けられるよう措置。

(5) 施行期日など

施行期日は、公布の日から起算して2年を超えない範囲で政令で定める日。また、施行後3年を目途に法律の規定について、検討し必要な措置を講ずる。

∞　　　∞

この改正案について製紙連は次のようにコメントしている。

「現行法は、木材関連事業者による登録実施機関への登録という、あくまでも自主的な取組みを助長することで合法伐採木材などの利用を確保しようとするものであり、罰則もなし。

一方、改正法は川上・水際の木材関連事業者に対し、合法性の確認、関連情報の記録といったデューデリジェンスを義務づけるとともに、命令違反には罰則を設けるなど、強制力を有するものへ厳格化し、欧米諸国と遜色のない規制レベルへ向け制度を底上げした。見直しに向け

た検討の過程で、製紙連が提言した内容とも一致しており、評価できる」

なお、製紙連では現行法の施行を機に、会員各社が自ら合法性の確認＝デューデリジェンス（DD）を行うための「合法証明DDシステムマニュアル」を作成。 2019年度からは、各社がこのマニュアルに基づいて作成した自社の合法証明DDシステムに則って、調達する原料の合法性を確認しており、その結果を、製紙連がモニタリングする仕組みを作り上げている。

このように、今般の改正法における合法性確認などの義務づけに関して、製紙業界はすでに対応済みであり、改正クリーンウッド法のもとでも、引き続き各社のDDシステムに基づき対応することが基本となる。

そのうえで改正法の運用面などに関する詳細は法案成立後、政省令で定められることから、製紙連としては、そのプロセスにおいて自らがこれまで蓄積してきた知見を提供するなど、より効果的・効率的な執行手法・体制の構築に向けて貢献できるよう取り組んでいく方針だ。

指摘内容を踏まえ、取組みは毎年着実にレベルアップ

日本製紙連合会（＝製紙連）では2007年度より、会員企業の違法伐採対策として毎年、調達原料の合法性を確認し、その結果を製紙連がモニタリングする「違法伐採対策モニタリング事業」を実施。第三者委員会の指導や助言および監査を行った後、モニタリングの概要を公表し、業界全体として違法伐採対策のレベルアップに努めている。2021年度を対象とする16回目のモニタリングは、2022年9～10月に製紙連事務局が会員30社（13グループ）を対象に実施した。

それによると、2021年度の「違法伐採対策はいずれも、各社の事情を踏まえながら原料調達方針を策定するとともに、合法証明システムとしてサプライヤーと覚書などを締結し、トレーサビリティレポートの提出や現地確認を行うなど、林野庁のガイドラインに基づいて適切に実施されている」と評価。

また「合法証明DD（デューディリジェンス）システムマニュアルやトレーサビリティレポートの記載内容充実など、過去のモニタリング事業で指摘された事項の改善が引き続き着実に進められている」とした。

調達材料のうち輸入パルプ材およびパルプについては、森林認証材あるいは森林認証制度のもとで認証された管理木材（CW＝Controlled Wood）で対応する企業がほとんどとなっている。2017年度に施行された「合法伐採木材等の利用及び流通の促進に関する法律（クリーンウッド法）」では、合法証明のためのDDシステムの運用において、森林認証に加えサプライチェーン情報の収集も求められたが、各社は森林認証と並行してトレーサビリティレポートを入手するなど、概ねリスクアセスメントが適切に実施されていると評価された。

一方、国産木材チップでは、①購入先と覚書などを締結し、トレーサビリティレポートを提出してもらう取組みを基本とする会社、②木材チップ業者の団体認定による合法証明を活用する取組みを基本とする会社——があるが、全体として取組みは十分に行われているとした。

このモニタリング結果に基づき、製紙連は監査委員会を開催して意見を聴取した。主な指摘事項は以下の通りである。

■違法伐採対策では毎年、各社の取組みがブラッシュアップされている。引き続き改善に向けた取組みを継続してもらいたい。

■違法伐採対策モニタリング結果を踏まえ、毎年確実に取組み内容を充実させている点を評価する。そのうえで、各社の内部監査や外部監査の指摘などにも着実に対応し、さらなるレベルアップに繋げる取組みに期待する。

■DDシステムに基づく取組みも、時間の経過とともにシステマティックになり、洗練されてきた。一方で、このモニタリングが違法伐採対策の重要性を関係者に再認識させる機会となるよう、引き続き工夫して取り組まれたい。

以下、参考資料として製紙業界の原料調達動向に関するデータをみていく。

【製紙業界における原料調達の現状──2021年】

同年の紙・板紙合計の生産量は2,394万t、生産に要した原料消費量は2,446万tだった。原料構成比をみると、古紙（古紙パルプを含む）が1,614万t（66.0％）、パルプが829万t（33.9％）、その他繊維素が3万t（0.1％）。また、パルプのうち国産パルプが690万t（28.2％）で、その内訳は植林木チップ由来のパルプが486万t（19.9％）、製材残材チップ由来のパルプが149万t（6.1％）、天然木チップ由来のパルプが54万t（2.2％）。一方、輸入パルプは139万t（5.7％）だった。

国産パルプの原材料となるパルプ材の消費は、前年比＋8.3％の1,451万tで、その内訳は針葉樹が457万t、広葉樹が994万t。

針葉樹の輸入先は米国、豪州、ニュージーランドなど違法伐採のリスクの低い先進国を中心に5ヵ国となっているが、米国、豪州の2ヵ国で81％（日本を除く輸入量計をベースとする）を占める。

一方、広葉樹の輸入先はベトナム、豪州、チリ、南アフリカ、タイ、インドネシア、ブラジルなど9ヵ国となっており、ベトナム、豪州、チリ、南アフリカの4ヵ国で83％（日本を除く輸入量をベースとする）を占めているが、そのほとんどは違法伐採の可能性が低い植林木である。

針葉樹の材種は国産・輸入ともに製材残材が主体で、そのほかは製材に利用されない間伐材、病虫害材、解体材などの未利用材が多くなっている。なお、製材残材や未利用材は、未利用資源の有効活用を図る観点で環境にやさしい原料であるため、林野庁のガイドラインでは合法証明は必要とされていない。

広葉樹の材種は、国産材では旧薪炭林などからの低質材が97％を占める。また、

表. 間伐材利用の推進　　　　　　　　　　　　　　　　単位：千BDT

種　　類	2016年	2017年	2018年	2019年	2020年	2021年
間伐材 （林地残材含む）	704 ＜40＞	703 ＜39＞	722 ＜37＞	703 ＜43＞	615 ＜43＞	593 ＜49＞
虫害材	1	1	1	1	1	1
古　　材	332	318	316	318	389	169

注1) 古材には家屋解体材のほか、ダンネージ、パイルなどを含む。
注2) ＜　＞は証明書付き間伐材の数量　　　　　　資料：日本製紙連合会

輸入材は木材チップ用に造成されたユーカリやアカシアなど違法伐採の可能性が低い植林木が99％を占めている。

製紙用パルプの輸入は前年比△4.4％の139万tで、2年連続のマイナスとなった。リーマン・ショックの影響で急減した2009年以降は、自社製パルプを優先使用する流れが定着しており、低レベルで推移していることに加え、新型コロナ禍の影響もあって減少が続く。

輸入先は、米国、ブラジル、カナダ、チリなど25ヵ国に及ぶが、米国、ブラジル、カナダ、チリ、ロシア、ニュージーランド、インドネシア、フィンランド、スウェーデンの9ヵ国で97％を占める。ブラジルやニュージーランドからの輸入は開発輸入が主体で、近年はその多くが森林認証材あるいは認証された管理木材のパルプになる。

【間伐材利用の推進】

間伐材の利用推進は、森林資源の健全な整備に寄与するのみならず、京都議定書第一約束期間の森林吸収源3.8％の確保を通じて、地球温暖化の防止にも大きく貢献してきた（表）。

2021年10月に閣議決定された地球温暖化対策計画においても、2030年度における森林吸収源目標3,800万t-CO2を掲げており、引き続き間伐材利用の推進に取組む必要がある。

【植林事業の推進】

適切な森林経営が行われている自社植林地から調達された植林木チップは、違法伐採が行われていない環境に配慮された原料である。その調達の拡大を目指して、製紙各社は植林木伐採跡地のほか、牧草地、荒廃地などの無立木地において海外植林を推進しており、2021年末時点で南米、オセアニア、アジア、アフリカの9ヵ国に22のプロジェクト（事業清算中のプロジェクトを含む）を展開、その総面積は36.9万haに達している。これにより、国内外で所有または管理する植林面積は国内社有林の14.1万haを含めると51.0万haに上る。

海外植林の様子

ベトナム

オーストラリア

（写真：日本製紙連合会）

【森林認証の推進】

持続可能な森林資源の育成と、その木材利用の推進を図る森林認証を取得した木材チップやパルプは、違法伐採が行われていない環境に配慮された原料である。このため製紙各社は、所有または管理する自社林についてFM（Forest Management）認証を積極的に取得するとともに、製品の製造、流通についてもCoC（Chain of Custody）認証を数多く取得している。

国内の自社林では、2016年にPEFCと相互承認した日本の森林認証であるSGECを、海外の自社林については国際的な森林認証であるFSCやPEFCを取得しており、2021年現在で森林認証を受けた自社林の面積は58.2万haに達する。

一方、調達する木材チップのうち、森林認証材の占める割合は2020年より0.3pt低い21.6％となった。昨今は、認証管理木材の割合が高いベトナムをはじめタイ、インドネシアからの輸入の増加がみられる一方、認証材の割合が高い豪州、チリ、南アフリカなどのシェアが低下したことがその要因として挙げられる。

なお、製紙連は2015年より、FSCやPEFCによって認証された管理木材（森林認証材ではないが、合法性や社会的、環境的優位性などについて第三者機関による認証を受けている木材）について調査を開始しており、森林認証材と認証管理木材（認証取得者で管理木材の証明がされた木材）を合わせると、全調達チップに占める割合は72.1％（特に輸入材は100.0％）となっている。

「EUDR」とは、どのようなものか

EUは2023年6月29日付で、「EUDR」という新たな木材規制を発効させた。従来の「EUTR」（EU木材規制）に代わる、より強力かつ広範な規制で、森林破壊につながるような域内での売買や貿易を根絶するのが狙い。実際に運用が始まるのは2024年末からだが、EUTRに比べて要求事項が多岐にわたっていることから、対応するための準備には手間と時間がかかると予想される。

EUDRの発効から2週間後の7月12日、1992年に設立されデンマークに本拠を構える調達コンサルタント・認証機関「Preferred by Nature（旧NEPCon）」が、FoE Japanおよび地球・人間環境フォーラムと共同で『EUDRと森林リスクコモディティ調達の未来』と題した、ハイブリッドセミナーを東京都内で開催した。

「EUDR」（木材破壊規制）は、現行のEUTRをヴァージョンアップしたもので、木材に加えてパーム油、カカオ、ゴムなど計7つのコモディティの調達活動を規制するもの。セミナー当日はこの「EUDR」の最新情報などについて、Preferred by Nature事務局長／エグゼクティブ・ディレクターのピーター・フェイルバーグ氏、同東アジア地域ディレクターのチャン・シンシン氏が講演した。以下はその要旨である。

DDや位置情報の提供が必須条件になる

ピーター・フェイルバーグ事務局長（エグゼクティブ・ディレクター）

最初に、EUDRについて説明する。これまでのEUTR（EU木材規則）に代わる新しいヴァージョンとして、要求事項やコモディティも拡大したのが、このEUDRになる。EUDRの対象は、これまでの木材に加えて、パーム油、カカオ、コーヒー、ゴム、大豆、畜牛やその加工品も対象に含まれる。

なぜ、EUDRが施行されるに至ったのか、その目的は次の2つである。

1つ目は、森林減少や森林劣化を引き起こしているような木材からの製品の消費を最小限に抑えること。そして2つ目は、合法的かつ森林減少フリーのコモディティや製品に対するEUの需要と貿易を拡大するというものだ。

EUDRの発効は、このセミナーが開催

される2週間前の6月29日からであり、この日から起算して、EUDRの要求事項をすべて順守しなければならなくなる2024年12月30日まで、あと残り18ヵ月しかない。さまざまな要求事項を考えると、18ヵ月はあまりに短い時間である。

なぜ、上記7つのコモディティを選んだのかだが、これは森林減少や森林劣化に対して最もインパクトが大きいコモディティだからだ。

しかし日本から対EU向けの輸出をみると、対象となるコモディティを多く輸出している国ではない。ではなぜ、日本において、こうした講演をするのかと思われるだろう。

例えば自動車などをみると、日本からEU向けに多く輸出されている。自動車自体はEUDRの対象製品ではないが、自動車の内装などに使われている素材に上記コモディティが含まれていると、対象になる。たとえEUDRの直接的な対象ではない自動車であっても、EU域内市場へ持ち込む場合はEUDRの要求事項を順守しなければならない。

EU市場へ製品・商品などを持ち込む場合、あるいはEU市場から輸出する場合、次の条件を満たす必要がある。まず、①森林減少フリーであること、②その製品が生産国の関連法に従って生産されていること、③デューデリジェンス（DD）のステートメントを発行すること、④伐採地に関する地理的位置情報を提供すること——などだ。

ここでいう「森林減少フリー」とは、2020年12月31日以降に森林減少の影響を受けていない土地で生産されたものを意味する。また木材製品についても、同じく20年12月31日以降に森林劣化を引き起こすことなく伐採された木材を原料とする製品でなければならない。

この森林減少フリーについては、農業目的の土地利用に転換していないことが条件となっている。重要なのは、土地利用の目的が農業であることが対象で、都市開発やインフラ開発など、工業目的に土地転換したものはEUDRの規制対象ではない。

いま、事業者の間で頭痛の種となっているのは、関連する製品が生産された土地区画の地理的位置情報の提供だ。こういった位置情報はほとんどの場合、コモディティのサプライチェーンを通じて提供されているわけではなく、またこういった位置情報を提供できるような一元的な

グローバルシステムも存在しない。

　合法性を示すには、DDシステムをしっかりと整備しておく必要がある。DDシステムを実施するに当たっては、十分にDDを理解しているスタッフを備えていることや、サプライチェーン全体を通じたDDシステムの構築が求められる。

リスク軽減には使えるが
FSCでの100％代替は不可

チャン・シンシン 氏
（東アジアディレクター）

　私からは2点について話をする。1つ目は、EUDRではどのような商品・製品が対象で、その理由は何かということ。2つ目は、現在のさまざまな森林認証システムがどのように役立つのか、ということだ。

　まず1つ目について、なぜこうした森林減少に取り組まなくてはならないのか、その問題の背景を述べてみる。これはWWFが2年前に作成した世界の森林減少に関する報告書から抜粋したものだが、2005年から17年の間に4,300万haの土地・森林が減少したという。これは、米国カリフォルニア州の面積に相当する広さになる。

　森林減少については、さまざまな抑止の取組みが行われているにもかかわらず、なぜ今も続いているのか。EUが実施した調査によると、世界の46％に相当する熱帯・亜熱帯の国々においては、森林減少の主な原因の73％は農業だったという。この73％のうち、4割が商業的農業、残り33％が小規模農家によるものだった。

　森林減少の原因は国によって異なり、例えば東南アジアではアブラヤシ生産を目的とした農地開発が森林減少の主な原因であったほか、中南米は牧畜あるいは牧草地開発、大豆生産が主な原因だった。また中央アフリカや西アフリカでは、カカオプランテーションの拡大が要因となっていた。

　次に森林減少について、それがEU諸国の消費とどのように関係しているのかを調べた。2008年から17年までの10年間を対象とした調査で、熱帯国などにおける森林減少の約19％はEUの消費が原因だったことが判明した。さらに、この森林減少の面積を欧州の消費と比較したところ、森林減少のリスクがある上位7つ

のコモディティを特定することができた。それが冒頭でフェイルバーグ事務局長が述べた、7つのコモディティになる。

では、このようなコモディティの製品をEUはどうやって規制するのか。そのために使うのがEUTRでも適用していた関税のHSコードである。この7つのコモディティのすべて、あるいはこれに関連・由来する派生製品のすべてを、HSコードを使って規制するので、HSコードに記載されている製品はすべてDDを行わないといけない。

ここで、2つ目の各コモディティのセクターごとに存在するさまざまな国際基準・認証について説明する。例えば、木材や紙などはFSC、パーム油ではRSPOといった認証制度があるが、残念ながらEUではこういった認証制度を承認していない。

しかしEUDRでは、こうした認証制度のベースとなる法については承認しており、認証制度をリスク管理するための一つの選択肢として、事業者は使用可能としている。注意したいのは、当該認証制度あるいは第三者の検証したスキームをリスク評価の手続きの中で使うことはで

きるものの、これをもって「DDに関する事業者責任の代替とすることできない」と定めていることだ。

EUDRの中核的要件は「森林減少をともなっていないことの確認」にある。では、なぜ認証制度がEUDRの要件を100％満たせないのか。例えばFSCを例にとると、FSC-FM認証の場合、森林減少・森林劣化、合法性といった側面についてはほぼすべてEUDRの要件を満たしている。ただし、位置情報や生産時期については少しギャップがあることから、この2つの情報は森林マネジメント計画自体から取得しなければならない。

問題は、コントロールウッド（管理木材）の場合である。コントロールウッドにはFSC認証材もあれば、そうでない材もあり、それらがミックスされて加工されることから、1つの森林管理ユニットまで特定してたどることはできない。また、生産時期や位置情報などもない。

このように、現状の認証制度をEUDRの代替として使うことはできないが、一部の認証制度についてはリスク軽減などに使うことはできる。

第 IV 章

縮小均衡の下での成長目指す
古紙リサイクル

古紙業界には廃プラの回収まで手がけるノウハウがある

全国製紙原料商工組合連合会　栗原　正雄 理事長

♤**ポストコロナの経済状況が芳しくない。**

栗　原　どの業界も、数量が平均して2〜3％落ち込んでいる。紙はもう少しマイナス幅が大きいが、紙流通などは昨年来の値上げ効果で収益的には悪くないと聞いている。先のことを考えるとあまり喜べないが、目先でみれば皆さん総じて悪くない。ただし1〜6月期の国内出荷は紙が前年同期比9.5％減、板紙が同5.0％減で、合計7.1％減。下期もこの調子だと、かなり厳しくなる。

　コロナが5類に移行すれば景気は劇的に回復するだろうという期待値が高かっただけに、期待が外れて心理的なダメージは大きいと思う。世界的にみても景気がよい国はない。世界の成長エンジンと言われる中国も、景気の低迷は深刻だ。だから、とりたてて日本の景況だけが悪いわけではない。

♤**6月の全原連総会では「穏やかな1年になるのではないか」と挨拶されていた。**

栗　原　プラスにはならないけれど、マイナスもそんなに大きくないだろうと考えている。2％前後の減少ではないか。5

類に移行したからといって、回収量が急に増減したりすることもない。基調は変化なしだ。集団回収にせよ自治体回収にせよ、日本は強固なシステムが構築されているから、もともと景気変動の影響は受けにくい。

　だから古紙の価格も、ほとんど動かない。直納価格はkg20円前後で安定しており、安いから回収が減るとか高いから増えるといったことは想定されない。だから前年比2％前後のマイナスで推移するとみている。

♤**輸出価格に国内の市況が揺さぶられることもなくなった。**

栗　原　中国が輸入を禁止したことで、影響は極小化した。中国は東南アジアで古紙パルプにしたものを輸入しているわけだが、中国国内の需要が停滞しているので、現地の古紙が足りなくなるといった事態も起きていない。

　日本の場合、段ボール古紙については発生した分をすべて国内では使い切れないので、常に一定量を輸出していく必要がある。今年1〜6月期の輸出量は、古

紙合計の月平均ベースで約18.4万t。国内入荷の約125万tと合わせると月平均の発生量は143万t前後となる。これを分母とすると輸出比率は約13%となり、この程度であれば国内需給ととうまくマッチングするのではないか。

つまり現在の輸出量は数量的にも価格的にも適正レベルにある。輸出が国内の需給や市況に波風を立てることなく推移しているので、全原連の総会では「穏やかな一年になる」と申し上げた。特別良くはならないけれど、悪くもならないと。

品種によって、例えば新聞などは発生がかなり減ってきているが、その分、需要も減っているので、数ヵ月程度ののタイムラグはあっても、いずれ需給はマッチングしてくる。メーカーの在庫も潤沢とは言えないにしても、直ちに黄信号が点るほど逼迫しているわけではない。6月末時点のメーカー在庫率でみると、新聞は80%と段ボール（36%）や雑誌（52%）よ

りむしろ高くなっている。

♤業界として喫緊に取り組まなければならない課題も、とくには見当たらない。

栗　原　市況も安定しており、儲けすぎてはいないが、利益が出なくて困っている状況でもない。回収と消費がバランスしながら少しずつ減ってきているのは確かで、もし過当競争が起こって仕入価格が高騰したりすれば一気に経営は悪化するが、その辺りの事情は各社ともよく承知しているので、自分で自分の首を絞めるような仕入競争は起きていない。現状は中位安定というところではないか。

♤古紙持ち去りの事案も減っている？

栗　原　輸出価格と国内の相場が乖離していないので、持ち去りがなくなったわけではないが、件数は減っている。モチベーションという言い方はおかしいかもしれないが、今の輸出価格は持ち去りの意欲をかき立てるほどの水準ではない。また持ち去り防止の法制化作業も、リサイクル推進議員連盟（会長＝甘利明・衆議院議員）の先生方を中心に着々と進んでいるので、少しずつ収束へ向かっていくのではないか。

♤古紙の発生が少しずつ減っていくことに対して、組合員はどのくらい危機感を

抱いているのか。

栗原 大幅な減り方ではないから、基本的にはあまり抱いていないと思う。ただし、回収量が今後も減っていくのであれば、仕入れと販売の価格差（車間距離）をもっと広げていかなければならないだろう。だが現状は1〜2％程度のマイナスなので、組合員の多くはあまり深刻には考えていないようだ。

もちろん、「もっと車間距離が必要」という思いは多くの人が持っているかもしれないが、それを各地の商工組合で集約して「来月から仕入れを1円下げます」という話にはならない。

ここ数年は、あまり深刻な過当競争も起こっていない。競争がないわけではないが、あまり目立たない。振り返ると、やはり中国の輸入禁止が潮目の変わる大きなきっかけだったと思う。中国向けの古紙輸出はピークの2012年には390万t、段ボールだけで160万tを超えていた。そのボリュームは確かに魅力だったけれど、仕入れの過当競争を誘発するなど負の側面も大きかった。量を集めて中国へ輸出しようとすれば価格競争しかない。その中国が輸入を禁止したことで、持ち去りを含む過当競争が沈静化したのは確かだ

ろう。

◇**新規ヤードの開設は多くないが、買収や売却の案件は出ている。**

栗原 結局、後継者難とか事業の将来性などを考えて身売りするところが出てくるのだろう。ヤードの絶対数が増えるわけではないので、そうしたM＆Aは直ちに市況の攪乱要因になるわけではない。そもそもM＆Aの案件も、そんなに多くはない。

◇**全原連理事長として6期目に入っているが、今が最も安定している？**

栗原 そうだろう。現在は仕入れの過当競争が起きていないのでありがたい。競争は常にあるとしても小競り合い程度。ここ5年ほど、大手を巻き込んで競争が広域化・大規模化するような事態には陥っていない。それ以前の過当競争が激しい時期は、理事長として頭を悩ませた。

発生と国内消費と国際マーケット、市況を左右する3要素がすべて安定している。国内で捌き切れない余剰の古紙が、概ね内外価格差のない適正な相場で輸出されている。内外価格差の大きい時は持ち去りも増えるし、異業種などからの参入もあって、組合が状況をコントロールするのは難しくなる。

♤物流の2024年問題で、古紙業界に影響は？

　栗　原　働き方改革の趣旨には賛同するが、ドライバーを対象とした残業時間の上限規制が全国一律で遵守できるのかどうか、中小・零細の運送業者も多いことから、なかなか難しいと思う。古紙の運搬などは100％中小・零細の仕事で、もともと残業時間がさほど多いわけでもないから、目くじらを立てて取り締まるほどのことではないと思う。ほとんどの場合、8時〜17時の定時操業が守られているはずだ。

♤優れたリサイクルシステムを古紙だけで活用するのは勿体ないという声もある。

　栗　原　今、プラスチックの回収は必ずしも経済ベースの商流には乗っていない。そこで近い将来、古紙業者がこの分野へ参入することは十分考えられる。マテリアルリサイクルにせよサーマルリカバリーにせよ、廃プラがきちんと回収ルートに乗って処理されていけばよいが、そうはならずに行き詰まってゴミ化すれば、回収のノウハウと手段を持っているのは古紙業界だけだ。

　それによって個々の扱い量が増えれば業界にとってもプラスだ。具体化するのはまだ少し先だと思うが、社会から要請があった時、直ちに手を挙げられる準備はしておいてもよいのではないか。

前向きな議論を深め
業界の付加価値向上策を考える

古紙再生促進センター 国際委員会　中 道　徹〈*〉委員長

♤**段ボール古紙を除く各品種で、発生量・回収量の不足を嘆く問屋さんが多い。**

中　道　段ボールに関しては、関東圏にはまだまだある。埼玉地区で新しいショッピングセンターがオープンしたり、東京から千葉、埼玉方面へ人が移動したりといった流れもあるので、発生はむしろ増えている。中部、近畿、九州など他の大都市圏とは少し異なる様相だ。

♤**ポストコロナの局面に入っても、需要の回復は芳しくない。**

中　道　メーカー関係者の多くは、洋紙はデジタル化の波に押されて減るのは仕方ないとみているが、板紙については他に代わる包材がないから、値上げで一時的に需要が落ち込んでも、いずれまた元に戻ると考えていた。それが業界の通説だったわけだが、その通説が最近は崩れているような気がする。

　確かに紙製の包材は社会生活の必需品には違いないが、以前から原紙の軽量化は少しずつ進んでいるし、最近は宅配用を中心に箱の小型化も著しい。また、そもそも壊れる心配のない商品については

箱自体を使わなくなっている。嵩張らない商品はクラフトの封筒を使うという動きもある。

　以上は段ボール原紙の場合だが、白板紙もメインの用途の1つであるティシュのソフトパック化が進んでいる。もともとは輸入品で入ってきたが、今や国内の大手も参入し競争が激しくなっている。包装形態だけでみれば"脱プラ"ならぬ"脱紙"なのだが、無駄な隙間がないのでケース当たりの収納個数が増え、輸送効率はよくなるはずだ。

　このほかレトルト食品も紙の箱を使わず、ソフトパウチのままで売られていたりする。つまり、ユーザーがいろいろ工夫して包装合理化を進めれば、板紙の需要は必ずしも元には戻らないのではないかと懸念している。

♤**そうした影響で古紙の需給には、どのような変化が生じるのだろうか。**

中　道　紙・板紙の内需が縮小して古紙の発生量・回収量が減少すると、生産する紙・板紙の品種にもよるが、古紙不足となるものも出てくる。例えば〔**模造・色**

上〕は回収できない衛生用紙向けの用途が半分以上を占めているので、回収と消費のギャップが年々広がり、古紙センターのシミュレーションによると中位シナリオ（以下同）でも2030年には45万t程度の不足が生じる。

〔雑誌〕は90％近くが板紙向けだが、雑誌の発行部数が急減していることに加えて雑がみの回収も伸び悩んでいるので、やはり需給ギャップが拡大し、2030年には消費が回収を160万tほど上回るシミュレーションが出ている。

〔新聞〕は大半が新聞用紙と印刷・情報用紙の原料に使われており、両品種とも内需の減少は著しいが新聞のマーケットも縮小しているので、消費量と回収量の差は小さく2030年で8万t強の不足が生じる程度と見込まれる。

これに対して〔段ボール〕は、商品の輸出入に付随する梱包材としての段ボールがネット輸入量（輸入−輸出）で150万tほ

どあるため、消費量が回収量を上回る事態にはならないと想定される。2030年の〔回収量−消費量〕は190万t超になる見通しで、この余剰分を輸出していく必要がある。それが古紙の輸出になるか段ボール原紙の輸出になるかは、その時々の国際マーケットの状況によって変化する。

◇2022年の新聞古紙は国内が逼迫していたにもかかわらず、高い輸出価格に引っ張られる形で外へ流れていった。

中 道 上級古紙の発生不足に加え、新聞古紙の輸出で国内が不足気味になれば、グリーン購入法に適合した再生印刷用紙の安定的な生産は確かに困難になる。しかし、だからといって総合評価値の配合率を下げるというのは、今の環境の時代にいささか逆行するのではないかと個人的には考えている。例えば業界として、もう輸出はやめて国内での循環を最大化しようという方向に進めないものか。

2021〜22年に古紙の輸出価格が上昇して原料業界は潤ったが、その分、国内メーカーとの信頼関係は若干希薄になったような気がする。だからメーカーは問屋に対して「もっと集めてほしい」と要求するのではなく、「集まらなければ仕方ない、配合率を下げればよい」といった思考

になっていったのではないか。これは需給双方にとって残念な流れだと思う。

♤古紙、製紙の両業界で、「もっと古紙入りの紙を使ってください」と行政などに働きかける努力を日頃からしてきたかどうか…。

中　道　もっと言うと，古紙を使うことに意義があるのだから、たとえパルプ物より高くても行政は古紙物使うべきだと──通るか通らないかはともかく，行政との対話の糸口としてそういう議論があってもよかった。

行政も企業も日頃、「環境」「環境」と言いながら本音の部分ではコスト・オリエンテッドになっている。行政なのだからコストを超えた環境貢献の価値観で動いてほしいという気持ちもある。

「古紙が足りないから、ロットが小さいから高配合の再生紙は作れません」ではなく、「高くても使ってください。使うことによってロットが大きくなればコストも下がります」と製紙メーカーは丁寧に説明する。また問屋側は、安易な輸出に走らない。需給双方がもう少し工夫することで、国内の資源循環はよりスムーズになるのではないか。

♤しかし仮に印刷用紙メーカーが使用を抑制しても、先ほど説明されたように上級古紙の発生が消費を下回るようになるのは避けられない。再生紙物を手がける衛生用紙メーカーは、どうすればよいだろうか。

中　道　難離解古紙を使える設備を持っているメーカーが、雑がみ系など下級の古紙を積極的に使って補っていってほしいと思う。行政とタイアップして廃棄する機密文書を優先的に回してもらったりとか、いろいろ工夫されているところも多い。

いずれにせよ全体として発生量が減るなかで、取り合いをして価格を釣り上げるのはナンセンスだ。協調できるところは協調していかないと。

先日も、ある古紙問屋の集まりでトップが「競争などしてる場合ではない」と発言されていたが、多くの問屋さんはそう感じているのではないか。また地産地消というか、あまり遠距離輸送するのではなく、なるべく近場のメーカーに取ってもらうのが望ましい。

2024年問題を考えると、古紙回収の面でも各問屋がそれぞれ低い積載率で自家回収にこだわるより、アライアンスによって問屋が相互に委託回収する方が人手も

かからないしCO$_2$の発生も抑えられる。現にこの流れは徐々に広がっており、さらにそういう方向へ進むべきだろう。

◇**古紙の輸出については、2030年にかけてどういうシミュレーションが考えられるか。**

中 道 2022年の実績値は183万tで、うち約6割が段ボール古紙だが、30年までにはその比率がさらに高まり、大半を段ボールが占めるようになるだろう。数量自体にさほどの増減はなく、30年時点で200万t前後と想定される。ただし、これがすべて段ボールだとすると22年の輸出量は100万tなので、今後8年間で倍増することになる。

一方、2022年には約100万tの段ボール原紙が輸出された。しかし今後、数年のうちに中国と東南アジア諸国およびインドで段ボール原紙設備の大量稼働が計画されているので、日本からの輸出は徐々に減少へ向かうと推測される。シナリオ次第だが、2030年には大幅に減少する可能性もある。先に段ボール古紙の輸出が30年にかけて倍増すると述べたが、それは原紙の輸出が減少して国内の生産が減り、余剰が拡大するからでもある。

◇**紙・板紙の内需については、どのような試算が成り立つのか。**

中 道 やはり新聞用紙や印刷・情報用紙の需要減が全体に及ぼす影響は大きく、2022年を100とすると30年は90〜75程度となりそうだ。そうしたシナリオも踏まえて、数量だけに拘泥しない業界の付加価値向上策を考えていく必要があるし、国際委員会としても前向きな議論を深めていきたいと思っている。

（＊国際紙パルプ商事 執行役員 第1営業統括本部 製紙原料営業本部長）

仕入れの過当競争は禁物、
自分で自分の首を絞めるだけ

関東製紙原料直納商工組合　大久保　信隆 理事長

♧昨今の古紙需給について。

大久保　関東商組32社の月次統計を見ると、段ボール古紙の在庫は2022年12月から23年6月まで7ヵ月連続で前年同月を上回っているが、6月末の在庫は1万5,000t、在庫率は11％とタイトだ。1〜6月の合計は仕入れが81万t、出荷が82万tで、両者は概ねバランスしている。

　余剰化せずにバランスがとれている理由は、輸出があるからだ。1〜6月の段ボール古紙輸出は71万tで前年同期より13万t、率にして22％増えている。月平均では12万tだ。一方、段ボール原紙の輸出は同じ1〜6月で37万t、月平均だと6万t強になる。つまり原料と原紙を合わせて月平均18万t、6ヵ月で110万tが海外へ出ていった。この分は国内で回収されない。したがって仕入れも少なくなり、出荷とバランスする形になっている。

　しかし段原紙のメーカー在庫をみると、少し減ったとはいえ6月末で63万t近くあり、在庫率は77％と高い。このため各社は5月くらいから減産に入っているが、そうすると数ヵ月のタイムラグで発生がさ

らに減るだろう。だから、もし秋の需要期に生産が上向くと、古紙不足の局面も考えられる。

　だが、その時に原料商が仕入れを無理に増やそうとして過当競争に走ったら、自分で自分の首を絞める結果になってしまう。先日、ある会合で、そういう趣旨の話をさせてもらった。

　段ボールはそういう基調だが、新聞や雑誌はさらに発生が減っている。とくに新聞は惨憺たる状況で、仕入れが前年同月を下回る状況がずっと続いている。しかし足りないからといってプレミアなどを付ければ、また過当競争に陥る。回収できる量が減っているのだから、きちんと車間距離をとって売っていかなければならない。

　さらに言えば一般家庭からの排出が多い新聞は、集団回収でも1ヵ所当たりの回収量が少なく、回収すべき拠点は多い。つまり効率が悪いので、段ボールなどに比べて回収コストが嵩む。個人的には、メーカー納入の建値がkg25円くらいでもよいと考えている。回収費用が14〜15

円になってしまうので、そのくらいの車間が必要だ。

関東商組32社の新聞在庫は概ね6,000t前後。これは最低ラインなのだが、月平均の出荷量も2万8,000t前後と少ないので、在庫率としては22%、6日分ほどある計算だ。しかし、この6,000tを32社が保有するヤード数157で割ると、1ヤード当たりは38t。計算上は確かに6日分だが、1t単位のベールを作るのに各ヤードでは最低3日分程度の在庫は持っていなければならない。いわば、この分は実質的に出荷できない在庫なので正味3日分の在庫しかないことになる。

段ボール・新聞・雑誌を合わせた裾物3品の在庫率は、6月末がちょうど15%=4.5日分だ。ベーラーをフル稼働させるのに、ちょうどよい最適な水準だと思う。ただし、これは、メーカーの稼働率や古紙の輸出が現状程度のままで推移することを前提としている。もしメーカーが増

産したり、古紙の輸出が一時的に増えたりすれば様相は一変し、バランスが崩れて古紙不足に陥る懸念もある。だから、まずは製品価格も原料価格も下げずに、安定した形を維持することが大切だ。原料商は仕入れの過当競争に走らない、メーカーは製品価格を下げてシェアを取りにいかない——これができれば業界の収益は安定する。

♤**業者間の競争も、小競り合い程度で済めばよいが…。**

大久保 ところが、某大手が自治体の入札でkg 20円を出したという話がある。大手としては扱い量が減れば、そういう値段を出さざるを得ないのだろう。これが局地戦にとどまればよいのだが、過当競争の幕開けになってしまっては困る。とくに関東は発生の50%を占めているので、ここで戦火が起きればたちまち全国に飛び火する。組合の会合では、理事長としてそういう話をして自重を求めたい。関東商組の組合員は各社とも地場密着型の営業をしているから、そこをきちんとフォローしていれば外から参入される余地もないはずだ。

回収量を増やしたいという欲は誰もが抱いているが、全体のパイが減っていく

なかで、自分だけ得しようとしてもうまくいかない。車間距離が縮まって苦しむ結果になるだけだ。合理化も各社がそれぞれ独自のやり方で追求しているから、取り立てて大手のコストが安いわけではない。しかし回収が大きく減る局面では、大量に扱っていた大手ほど打撃が大きくなる。

　問屋経営は現状だけをみれば安定しているが、総量が減っているだけに一つ間違うと崖っぷちに追い込まれかねない。あるいは過去もそうだったように、困難な事態に直面するたびに自然淘汰が進むのかもしれない。これからは、どうやって適正に生き残っていくかという、新しい競争時代が始まるのではないか。

◊古紙業界の近未来像を展望すると…。

大久保　われわれの商売は、もともと世間とあまり波風を立てることなく、静かに地道にやっていたのだが、SDGsとかカーボンニュートラル、サーキュラーエコノミーが叫ばれるようになって、にわかに脚光を浴びるようになった。そうすると外部からの新規参入も増えて過当競争が始まる。しかし本来は、脚光を浴びた時ほど襟を正し自制心を働かさないといけない。

　そういう分別のある行動がとれれば、紙は絶対になくならない素材だから、これからも商売を続けられる。包装材料として板紙・段ボールに勝る素材は今のところ見当たらないし、グラフィック系の用紙だって全部が全部スマホやタブレットに置き換わるわけではない。だから使用済みの紙や板紙を再生処理する仕事も決してなくならない。

　ただし将来も、紙（古紙）だけで商売が成り立っていけるかどうかは疑問だ。すでに地方ではそういう形が出来つつあるが、大都市圏でも紙＋αで片付けの仕事をトータルで請け負うようなビジネスが主流になるかもしれない。なかでも廃プラスチックなどは有望な商材になっていくと思う。

　幸い関東圏には5,000万人もの人々が暮らしているから、そこから排出される再生可能な資源ゴミの量も半端ではないはず。それらを分別回収して再生ルートに乗せる仕事は、古紙問屋が普段からやっていることであり、最終的な納入場所が異なるだけだ。いわば古紙商にとって親和性のあるビジネスと言える。

◊2011年に11代目の理事長に就任されてから丸12年、干支が一回りした形にな

ります。

大久保　歴代のお歴々の中で在任期間が一番長くなった。この間、就任した2011年には東日本大震災があり、翌12年には古紙の輸出量が493万tとピークを迎えた。内外価格差が広がるにつれて、輸出を目的とした持ち去り事案が横行し、社会問題にもなった。関東商組はその対策としてGPSを使った追跡を行い、持ち去り行為の抑制を図った。また2020年には需要構造の変化で紙と板紙の生産量が逆転するなど、時代の大きな変化があった。そうしたなかで2013年には組合創立50周年、さらに23年5月には60周年の節目を理事長として迎えることができた。内外の多くの方々に支えられて組合の歴史の一端を担えたことに感謝している。

関東商組は広報誌『かんとう』を年4回発行しており、その冒頭では理事長が「巻頭言」を書く習わしとなっている。1回当たりの文章量はさほど多くないが、それでも40回以上まとまれば結構な分量だ。これはこれで一つの時代の記録となるので、時機をみて大久保個人の自費出版という形で小冊子にして、関係方面へ配布しようかと考えている。

この間、業界では右肩上がりの時代が終わり縮小均衡の時代に入ったが、組合員企業はそれでも安定した収益を確保できるように努めていく必要がある。また60年という組合活動の歴史は、さまざまな教訓で満ちている。温故知新でそれらに学べば、これからの時代を生き抜いていくためのヒントが必ず見つかると思う。

今のビジネスモデルを一度壊して再構築するためには勉強が必要

全国製紙原料商工組合連合会 / 渉外広報委員会　斎藤　大介 理事 / 委員長

♤**紙パルプ産業や古紙業界の現状を、どうみていますか。**

斎　藤　過渡期を迎えた紙パ産業は最近、自信を失っているように見える、将来を正確・客観的に予測しようとすればするほど、悲観的になってしまうのかもしれない。経営者の方々は、これからどうやって時代に適応しながら会社を伸ばしていくのか、悩んでおられると思う。しかし紙パには優秀な方が大勢いらっしゃるので、知恵を出し合い、何とか活路を見い出していってほしい。

紙パ産業も印刷産業も市場規模はそこそこだが、裾野の広い産業なので、ここが元気をなくすと関連の機械・資材・原料のサプライヤーまで広範に影響が及ぶ。単純に出荷金額だけでは推し量れない部分があるのではないか。

今日を予想していたのかどうか、歴史のある古紙問屋さんで四半世紀近く前に廃業したところがある。当時は「諦めが早い」などと言われたが、いま振り返れば早い決断でよかったのかもしれない。これからはますます、経営者の考え方一つで進路が分かれていくだろう。

♤**ヤードをたたんで跡地に高層マンションでも建てて、不動産業に転身した方が儲かるという考え方も…。**

斎　藤　その考え方は間違っている。少なくとも、不動産業の方が絶対に儲かると決めつけない方がよいと思う。古紙の卸売業でそれなりの収益を上げているのであれば、なおさらだ。

自戒も込めて言うが、経営者なので発言には注意したい。たとえ思いつきであっても、不用意な考えが実際の言葉として出てしまえば、その発言に自分自身がとらわれて、身動きがとれなくなってしまったりする。発した言葉通りの結果が表れるという、言霊（ことだま）現象だ。

最近、千葉雅也さんの『勉強の哲学』という本を読んだのだが、そこには「勉強して知識をたくさん吸収したら、一度その知識を疑って壊しなさい。そして、また勉強しなさい」といったアドバイスが書かれてあった。一度勉強したらそこで終わり、ではなく、今度は疑う勉強をするべきだと。千葉さんは多作の方で、青春小

説からノンフィクションまでいろいろな本を出されているが、難しい内容でもたとえが分かりやすくて面白く読める。

　古紙業界にも今日まで確立されてきたビジネスモデルがあり、各社がそこに自社なりのアレンジを施して独自性を出しているが、そういうモデルをそろそろ壊す時機に来ているのではないかと感じる。一度壊して再構築する、そのためには懸命に勉強しなければならない。例えばデジタルについて徹底的に勉強するとかだ。

　千葉さんの指摘はもっともなのだが、多くの人は恐くてなかなか壊せない。これまでベストと思ってやってきたけれど、だんだん先が見通せなくなった。だからなおさら、やめるにやめられないし壊せない。そのうち、ゆでガエルのようになってしまう（笑）。そうならないためにも本を読んで勉強したり、いろいろな人の話を聞いたりする必要があるのかもしれない。

　私は36歳で社長になったが、それ以前から経営全般に携わっていて、仕事をこなすためには当然ながら夢中で勉強しなければならなかった。学校で習い覚えた引出しもあって、当初はそれが役に立ったが、10年くらいで底が尽きた（笑）。だから45歳くらいから、もう一度勉強をやり直した。

　もともと経営者になれと言われて育ったので、その気で勉強していたし知識もストックしていたつもりだった。跡は継いでも先代と同じことはしたくないと考える方だったが、社長として試行錯誤しているうちに、もう20年。この辺りで再度、勉強のし直しが必要だと思っている。

♤**一方で、そろそろ後進に託していくような年齢に差し掛かっている。**

斎　藤　その通りだ。だから改めて自分の立ち位置と伝えるべきテーマを決めて、少しずつ進めていきたい。古紙の売上げは徐々に減っていくはずなので、それを補完するビジネスモデルを構築していくことが課題になる。誤解のないように言っておくが、古紙は成長しない産業だからダメだと思っているわけではない。成熟産業であってもキャッシュフローが稼げるのであれば、事業としては十分だ。そこで無理して高成長を追求する必要はなく、

それは新しい事業で考えていけばよい。

　私は昭和43年（1968）生まれで、日本の高度経済成長時代を何となく記憶している。だから成長しないことに対して本能的に不安を感じるし寂しさもある。しかしバブル期以降に生まれた世代は、最初からそんな幻想を抱いていない。だから「別に今のままで十分じゃないか」となる。われわれの世代からすると物足りないが、実は彼らの方が時代の環境に適応していると思う。

　その彼らたちが「この仕事は将来性もやり甲斐もある」と期待を抱けるようなモデルを作っていくことが、若くして社長になった自分の為すべきことだと考えている。製紙や古紙はデジタルやエレクトロニクスのようにがんがん伸びていく産業ではないが、社会に不可欠な役割を果たしている。だから古紙卸売業という安定ベースの上に、別の新しいビジネスモデルが加われば優秀な人材を惹きつけることも可能になるはずだ。

　例えば、ガソリンスタンド（GS）が年に2％ずつ減ってきている。今後EVが普及すれば、さらに加速度的に減少していくだろう。だから中小規模のGSを閉鎖して大規模なものに集約し、そこではEVの充電もできるし将来的には水素も供給できるという、時代に合った形にする。さらに、敷地内にはコンビニや屋外シアター施設なども誘致する。現にそういう形が少しずつ出てきている。冒頭で申し上げた"壊して造り替える"モデルの近未来形だ。

　古紙ヤードについても同じような考え方ができるのではないか。数を減らして、減らした分以上に1施設当たりを大型化する。1,000坪のヤードを3〜4ヵ所なくして1万坪のヤードに集約するというイメージだ。そう遠くない将来に、そういう方向へ進むような気がする。

　だから古紙に限らず、総合リサイクルの受け皿になろうという考え方は極めて合理的で、優れたビジネスモデルだと思う。新聞や雑誌は集団回収がメインだが、これから伸びていく分野ではない。個人的には、もう一般家庭から排出される新聞・雑誌を無理に追いかける必要はないかな、とも考えている。そこで同業と競争しても消耗するだけだ。

　逆に、集団回収から撤退する業者が増えれば残存者利益は多くなるわけで、そこまで我慢するという選択もありだ。この辺りの判断、儲かったお金をどこへ投資するかの選択は、経営者によってかな

り変わってくるだろう。その選択が正しいか、間違っているかなどは誰にも分からない。時間軸で判断するしかない。要は、ジャック・スパロウのように自分の羅針盤だけを頼りに進路を決めていくと（笑）。

☖**生活物資の相次ぐ値上げラッシュで消費者が買い控えに入っている。**

斎　藤　例えば、パルプは最近まで1,000ドル/tの時代が続いていた。そんなに高い原料で作る紙を、消費者は仕方ないと思って買い続けるだろうか。構造的な減少が続くグラフィック用紙だけでなく、パッケージング用紙についても紙離れが起きているのではないかと懸念する。

　容器包装のユーザーも消費者に節約されるのは好ましくないから、企業防衛上、梱包材料の節約に動く。軽量化・薄肉化、より低グレードな材料への変更——それはコストアップにともなう製品価格への転嫁幅を、消費者の許容範囲内に抑えることが目的だ。その消費者は、許容範囲を超えたと感じたら、数量のコントロールで生活防衛に走る。それが今、起きていることだと思う。

　紙・板紙製品の場合、ここ2年ほどの間で複数回の値上げに成功し、流通業界も含めて収益は改善されたが、少し乱暴

なやり方だったのではないか。コロナ感染症が5類へ移行したにもかかわらず、需要の回復が想定より遅れているのはその辺りに起因すると感じる。その意味でも、コストを下げ続ける＝生産性を上げる努力が必要だ。

　ヤードも同じで、仕入値を下げて売値を上げれば粗利は増えるが、それによって回収人が離散したりメーカーが買い控えに走ったりすれば元も子もない。では人件費や燃料代、ベーラーの償却といった固定費を下げられるかといったら、それもなかなかできない。となると、ヤードの数を減らして1ヤード当たりの数量を増やしていくという選択肢しか残らない。仕入値の下限、売値の上限が自動的に定まっている古紙業界は今後、好むと好まざるとにかかわらず、そういう方向へ進んでいくと考えられる。

☖**最後に全原連−渉外広報委員長としての基本的なスタンスを。**

斎　藤　委員長として業界内の考え、方針などを業界外へ正しく伝えることを大事にしていきたいと思う。業界の事情や課題を丁寧に上手に翻訳する。そのためにも業界外部の人たちの話を聞き、理解することに努めていく。

第 V 章

数字が物語る
日本と世界の古紙事情

再編やコスト重視で使用品種に変化があったメーカー別古紙消費

可視化される増設や事業撤退の影響

　古紙再生促進センターの集計による、メーカー別・工場別にみた2022年の古紙消費実績を解説してみる。地方自治体の資源回収担当部署や地域で集団回収などに取り組む民間団体にとって、地元にどのような製紙工場があり、どんな古紙をどれくらい使っているかを知ることはリサイクル活動を進める際の重要な情報となる。それは同時に公益性の高いニーズでもあり、公益財団法人であるセンターにとって有意義な事業の一つと言える。以下、22年の動向をトレースする。

　メーカー別の動向に触れる前に22年の古紙需給を簡単に振り返っておくと、入荷は前年比△0.2％（以下、断りのない限り「％」表記は対前年増減率）の1,596.0万tで2年ぶりに前年を下回った。主要品種の中では最大ボリュームの段ボール古紙が＋3.1％と増量を果たしたものの、新聞古紙と雑誌古紙の入荷減が響いた（前者は△7.9％、後者は△5.1％）。

　これに対し消費は同△0.6％の1,595.2万tで、同じく2年ぶりの減少。用途別にみると、紙向けは△4.9％の373.0万tで9年

連続の前年割れ。古紙配合率の高い新聞用紙の生産減少が、要因として挙げられる。一方、板紙向けは＋0.8％の1,222.3万tで、2年連続の増加となった。段ボール原紙や紙器用板紙の増産が寄与している（表1）。

　輸出は△22.5％の183.3万t。2年連続で△20％超という大幅な落込みとなった（表2）。古紙発生量が減少傾向にある中、国内供給を優先したことが要因として挙げられる。ピーク時の2012年（492.9万t）に対しては4割以下の水準である。品種別では、段ボール古紙（OCC）が△31.5％の106.1万t、新聞古紙（ONP）が△9.7％の21.4万t、雑誌古紙が△0.2％の41.4万tと、いずれもマイナスだった。仕向地別では36％のシェアを占めるベトナムが△13.5％の66.7万t、同22％の台湾が△30.8％の

表1. 古紙の品種別消費実績

品　　　種	2022年消費量			
	紙　向	板紙向	合　計	構成比
上白・カード	12,304	51,407	63,711	0.4
特白・中白・白マニラ	1,092	34,691	35,783	0.2
模造・色上	1,241,364	235,111	1,476,475	9.3
茶模造紙	7,657	17,557	25,214	0.2
切付・中更反故	52,669	11,513	64,182	0.4
新　聞	2,019,476	199,702	2,219,178	13.9
雑　誌	388,200	1,770,482	2,158,682	14
段ボール	6,927	9,545,067	9,551,994	59.9
台紙・地券・ボール	182	357,008	357,190	2.2
古　紙　合　計	3,729,871	12,222,538	15,952,409	100.0

表2. 2022年の古紙品種別輸出実績　　単位：t、FOB 100万円

品　　　　　種	数　量		金　額		平均単価	前年増減
		前年比		前年比	kg／円	
クラフト紙・クラフト板紙（未晒）<1>	1,061,243	△31.5%	28,648	△25.2%	26.99	+2.30
化学パルプ由来の紙・板紙<2>	78,533	1.4%	2,689	52.9%	34.24	+11.52
新聞古紙	213,598	△9.7%	7,723	26.1%	36.16	+10.27
雑誌その他古紙<3>	414,264	△0.2%	12,025	46.9%	29.03	+9.31
その他	65,240	△24.0%	2,115	12.4%	32.42	+10.50
古紙合計	1,832,878	△22.5%	53,200	△5.4%	29.03	+5.25

<1>段ボール古紙、<2>上級古紙、<3>雑誌・雑がみ古紙　　　資料；日本紙類輸出組合

40.6万t、19％の韓国が△10.3％の35.3万t、13％のインドネシアが△16.0％の23.5万t、7％のタイが△44.8％の12.7万tなど。

一方、国際相場の上昇により平均輸出kg単価（FOB）が前年を5円以上も上回ったことから、金額は△5.4％の532億円と比較的軽微な落込みで済んでいる（前出・表2）。品種別では主力のOCCが△25.2％と大幅減も、他の品種は増加している。平均単価をみると、OCCは前年に＋11.1円と急騰した反動で＋2.3円と小幅な上昇だったが、玉の発生自体が少ない上級古紙は＋11.5円、ONPは＋10.3円と2桁の上昇となっている。

なお、センターの試算による回収量は国内紙・板紙の減産や輸入減を反映して△3.1％の1,789万tと1,800万tの大台を割り込み、2000年当時（1,833万t）の水準まで後退した。

主要品種別の需給をみると、古紙合計の60％を占める〈段ボール〉は入荷が＋3.1％の957.0万tと前年の＋5.4％に続いてプラス成長。月別にみても前年同月を下回ったのは2月と12月だけで、残りの10ヵ月はすべてプラス。コロナ禍からの回復で物の荷動きが活発になってきたことを現している。消費は＋2.8％の955.2万tと概ね入荷に見合ったレベルだ。

古紙合計の14％を占める〈新聞〉は入荷が△7.9％の220.3万tと、新聞用紙の減産（△6.3％）を反映して引き続き低調だった。同年の輸出は△9.7％の21.4万tと

単位：t

2021年消費量			増減率（22年／21年）			増減量（22年−21年）		
紙　向	板紙向	合　計	紙　向	板紙向	合　計	紙　向	板紙向	合　計
13,269	52,385	65,654	△7.3%	△1.9%	△3.0%	△965	△978	△1,943
1,159	33,161	34,320	△5.8%	+4.6%	+4.3%	△67	+1,530	+1,463
,232,308	248,131	1,480,439	+0.7%	△5.2%	△0.3%	+9,056	△13,020	△3,964
7,459	20,007	27,466	+2.7%	△12.2%	△8.2%	+198	△2,450	△2,252
57,185	11,793	68,978	△7.9%	△2.4%	△7.0%	△4,516	△280	△4,796
,206,766	196,138	2,402,904	△8.5%	+1.8%	△7.6%	△187,290	+3,564	△183,726
398,657	1,901,822	2,300,479	△2.6%	△6.9%	△6.2%	△10,457	△131,340	△141,797
4,979	9,286,556	9,291,535	+39.1%	+2.8%	+2.8%	+1,948	+258,511	+260,459
2	371,847	371,849	91倍	△4.0%	△3.9%	+180	△14,839	△14,659
3,921,784	12,121,840	16,043,624	△4.9%	+0.8%	△0.6%	△191,913	+100,698	△91,215

資料：古紙再生促進センター（断りのない限り、以下同）

抑制されていたが、それでも国内メーカーへの入荷が前年同月を上回った月は一度もなく、多くのメーカーが数量の確保に追われた。また消費は△7.6％の221.9万tで、やはり用紙減産の影響を受けている。

〈雑誌〉は入荷が△5.1％の217.0万t、消費が△6.2％の215.9万t。主用途である白板紙の生産が＋4.4％と復調した割には低調な推移だったが、これは段ボール原紙メーカーがOCCを、洋紙（新聞用紙）メーカーがONPの使用を優先した結果と考えられる。古紙全体に占める割合は回収・消費とも14％。

古紙全体の9％を占める〈模造・色上〉は入荷が＋0.2％の147.1万t、消費が△0.3％の147.6万tと概ね横ばい。主用途の衛生用紙は＋4.2％の増産だったが、印刷・情報用紙は△5.1％と減産基調が継続。このほか、発生先の印刷・製本所などで裁落古紙の発生を極小化しようとする取組みが進んでいることも、需給が振るわない背景にあるようだ。

ここで紙・板紙製品の素となる繊維原料の構成比をみると、2022年は古紙由来の繊維が66.3％、木材パルプ由来の繊維が33.6％、その他（非木材由来のパルプなど）が0.1％となっている。古紙の構成比（利用率）は前年の66.0％から0.3ポイント〈pt〉上昇して66.3％に達した。

2022年はオミクロン株によるコロナ感染の拡大に加え、ロシアのウクライナ侵攻や円安などに伴い諸物価が上昇するなか、企業の販促費抑制、在宅勤務やWEB会議の定着などを受けて、紙の生産が減少。一方、板紙は通販・宅配需要の堅調な推移、年後半のコロナ対策緩和にともなう人流の回復などにより前年比プラスで推移している。

この結果、古紙利用率の高い板紙のシェアアップが進み、古紙利用率は全体としてわずかに上昇。部門別では紙向けが△0.6ptの33.4％、板紙向けが△0.1ptの93.6％。紙向けの場合、相対的に古紙配合率の高い新聞用紙が引き続き減産となったことから、利用率の低下につながっている。

年間10万t超の消費は 1社減の39工場

以上の全体動向を踏まえて、2022年のメーカー・工場別実績を眺めてみよう。最初に古紙合計ベースでみた消費上位20社の数量とシェア、順位を表3に示した。21年は20社中16社が前年実績を上回っ

たが、22年は消費増が7社、消費減が13社となった。とりわけ11〜20位グループは増加が高砂製紙のみで、他の9社はすべて前年を下回っている。

前年比プラス組の中では5位：王子製紙の2桁伸長（＋28.9％）が突出しているが、これは苫小牧工場の段原紙マシン稼働が通期で寄与したもの。一方、グループ会社の1位：王子マテリアは名寄工場閉鎖の影響もあり、△4.2％の減少となっている。また10位：北越コーポレーションも段原紙マシンの稼働率アップが寄与して＋6.5％と消費を増やした。このほかレンゴー、大王製紙、新東海製紙、丸三製紙などの板紙系メーカーが消費増を記録している。

これに対し、1〜10位でのマイナス組は前出・王子マテリアのほか2位：日本製紙（△5.1％）、6位：いわき大王製紙（△1.7％）、10位：興亜工業（△1.1％）の4社。11〜20位グループでは12位：丸住製紙の消費減が△11.5％と大きく、前年から順位を二つ下げた。新聞用紙メーカーの同社はこのところONPの消費を減らして雑誌古紙の利用を増やしている。このほか19位：大豊製紙も△11.5％とマイナス幅が大きかった。

表3. 古紙合計の会社別消費実績　　　単位：t

22順位	会社名	2022年消費量	比率	2021年消費量	22/21増減率	21順
1	王子マテリア <1>	2,974,465	18.65%	3,105,653	△4.2%	1
2	日本製紙 <2>	2,268,276	14.22%	2,389,020	△5.1%	2
3	レンゴー	2,182,817	13.68%	2,168,221	+0.7%	3
4	大王製紙	1,300,137	8.15%	1,275,678	+1.9%	4
5	王子製紙	922,111	5.78%	715,250	+28.9%	5
6	いわき大王製紙	617,293	3.87%	628,222	△1.7%	6
7	新東海製紙	559,847	3.51%	541,754	+3.3%	7
8	興亜工業	539,797	3.38%	547,993	△1.5%	8
9	丸三製紙	434,792	2.73%	430,204	+1.1%	9
10	北越コーポレーション	342,960	2.15%	322,158	+6.5%	11
	1〜10位累計	12,142,495	76.12%	12,449,802	△0.2%	
11	福山製紙	288,822	1.81%	295,188	△2.2%	12
12	丸住製紙	288,305	1.81%	325,649	△11.5%	10
13	愛媛製紙	239,388	1.50%	239,800	△0.2%	13
14	大津板紙	233,593	1.46%	233,739	△0.1%	14
15	岡山製紙	165,590	1.04%	169,310	△2.2%	15
16	エコペーパーJP	150,631	0.94%	151,704	△0.7%	16
17	中越パルプ工業	106,591	0.67%	108,450	△1.7%	17
18	高砂製紙	97,485	0.61%	94,660	+3.0%	18
19	大豊製紙	91,689	0.57%	103,574	△11.5%	19
20	富山製紙	86,618	0.54%	88,902	△2.6%	20
	11〜20位累計	1,748,712	10.96%	14,582,936	△0.4%	
	上位20社累計	13,891,207	87.08%	27,032,738	△0.3%	
	全社合計	15,952,409	100.0%	16,042,924	△0.6%	

＊断りのない限り、累計欄の前年比は前年の同一会社との比較
<1> 王子マテリアの21年消費量には名寄工場の実績が含まれる（以下同）。
<2> 日本製紙の21年消費量には釧路工場の実績が含まれる（以下同）。

続いて裾物3品種について、それぞれ消費量の多い上位20社を抽出してみた。品種別のトピックをまとめると次のようになる。

【新聞古紙】主用途である新聞用紙の減産が続いているため多くのメーカーが消費を減らしており、増量となったのは7位：王子マテリア（＋2.0%）、9位：エコペーパー JP（＋1.0%）、10位：レンゴー（＋1.9%）、19位：大和板紙（＋16.0%）の4社のみ。中でも大和板紙は前年に続いての2桁伸長で、原料転換が進んでいることを示唆している。

一方、消費量の多い上位6社（日本製紙、王子製紙、大王製紙、丸住製紙、いわき大王）はいずれも新聞用紙メーカーだが、すべてマイナスである。前年からの順位変動をみると、3位の大王と4位の丸住、17位の大成製紙と18位の川端製紙がそれぞれ入れ替わっている（**表4**）。

【雑誌古紙】上位20社ではプラス組が9

表4.　新聞古紙消費の上位20社　　　　　　　　　　　　　　　単位：t

22順位		会　社　名	2022年消費量	比率	2021年消費量	22/21増減率	21順位
	1	日本製紙	625,151	28.17%	677,232	△7.7%	1
	2	王子製紙	552,862	24.91%	586,318	△5.7%	2
	3	大王製紙	243,822	10.99%	244,878	△0.4%	4
	4	丸住製紙	228,854	10.31%	265,633	△13.8%	3
	5	いわき大王製紙	112,150	5.05%	112,899	△0.7%	5
	6	中越パルプ工業	106,591	4.80%	108,450	△1.7%	6
	7	王子マテリア	51,108	2.30%	50,109	＋2.0%	7
	8	北越コーポレーション	46,756	2.11%	49,745	△6.0%	8
	9	エコペーパー JP	28,878	1.30%	28,586	＋1.0%	9
	10	レンゴー	28,172	1.27%	27,637	＋1.9%	10
1～10位累計			2,024,344	91.22%	2,151,487	△5.9%	
	11	興亜工業	19,124	0.86%	19,442	△1.6%	11
	12	丸井製紙	13,113	0.59%	13,140	△0.2%	12
	13	大阪製紙	12,700	0.57%	12,970	△2.1%	13
	14	新東海製紙	9,019	0.41%	11,488	△21.5%	14
	15	高砂製紙	7,880	0.36%	10,441	△24.5%	15
	16	立山製紙	2,722	0.12%	2,785	△2.3%	16
	17	大成製紙 <1>	1,957	0.09%	2,400	△18.5%	18
	18	川端製紙	1,800	0.08%	2,400	△25.0%	17
	19	大和板紙	1,426	0.06%	1,229	＋16.0%	19
	20	ダイオーペーパーテクノ <2>	729	0.03%	－	－	20
11～20位累計			70,470	3.18%	76,295	△7.6%	
上位20社累計			2,094,814	94.40%	2,227,782	△6.0%	
全　社　合　計			2,219,178	100.0%	2,402,904	△7.6%	

<1> 大成製紙の22年消費量は1～9月の実績。
<2> ダイオーペーパーテクノは大成製紙とハリマペーパーテックの合併により22年10月に発足。数値は22年10～12月の実績。

社、マイナス組が11社と拮抗している。この品種は他の裾物に比べ相対的に割安だが、各社はONP、OCCとの価格差や入手の難易度に応じて調達方針を変えているようだ。昨年は2位：日本（△10.0%）、7位：レンゴー（△12.6%）、8位：新東海（△22.6%）、9位：大津板紙（△10.1%）などが2桁のマイナスとなる一方、4位：北越（＋10.2%）、12位：丸住（＋10.0%）、17位：エコペーパー JP（＋103.4%）は2桁の増量。まだら模様の様相を呈している（**表5**）。

表5. 雑誌古紙消費の上位20社　　　　　　　　　　　　　　　　単位：t

22順位	会　社　名	2022年消費量	比　率	2021年消費量	22/21増減率	21順
1	王子マテリア	683,332	31.66%	753,071	△9.3%	1
2	日本製紙	440,056	20.39%	488,899	△10.0%	2
3	大王製紙	216,434	10.03%	214,996	+0.7%	3
4	北越コーポレーション	143,780	6.66%	130,486	+10.2%	4
5	いわき大王製紙	115,356	5.34%	123,183	△6.4%	5
6	興亜工業	94,511	4.38%	103,854	△9.0%	6
7	レンゴー	83,556	3.87%	95,626	△12.6%	7
8	新東海製紙	69,607	3.22%	89,956	△22.6%	8
9	大津板紙	69,244	3.21%	77,062	△10.1%	9
10	王子製紙	42,776	1.98%	42,506	+0.6%	10
	1〜10位累計	1,958,652	90.73%	2,119,639	△7.6%	
11	アテナ製紙	30,920	1.43%	30,039	+2.9%	11
12	丸住製紙	24,151	1.12%	21,952	+10.0%	12
13	加賀製紙	21,690	1.00%	20,752	+4.5%	13
14	大阪製紙	19,600	0.91%	20,410	△4.0%	14
15	東栄製紙工業	17,161	0.79%	18,375	△6.6%	15
16	立山製紙	7,428	0.34%	8,210	△9.5%	16
17	エコペーパーJP	7,314	0.34%	3,596	+103.4%	−
18	愛媛製紙	5,306	0.25%	5,924	△10.4%	17
19	丸井製紙	4,851	0.22%	4,290	+13.1%	20
20	大二製紙	4,124	0.19%	3,560	+15.8%	−
	11〜20位累計	142,545	6.41%	137,108	+4.0%	
	上位20社累計	2,101,197	97.15%	2,256,747	△6.9%	
	全　社　合　計	2,158,682	100.0%	2,300,479	△6.2%	

表6. 段ボール古紙消費の上位20社　　　　　　　　　　　　　　単位：t

22順位	会　社　名	2022年消費量	比　率	2021年消費量	22/21増減率	21順
1	レンゴー	1,977,870	20.71%	1,951,897	+1.3%	2
2	王子マテリア	1,932,316	20.23%	1,965,597	△1.7%	1
3	日本製紙	1,063,716	11.14%	1,054,013	+0.9%	3
4	大王製紙	759,460	7.95%	727,121	+4.4%	4
5	新東海製紙	471,688	4.94%	433,746	+8.7%	5
6	丸三製紙	433,271	4.54%	429,661	+0.8%	6
7	興亜工業	426,162	4.46%	424,697	+0.3%	7
8	いわき大王製紙	339,237	3.55%	339,913	△0.2%	8
9	福山製紙	283,689	2.97%	289,953	△2.2%	9
10	王子製紙	281,652	2.95%	48,342	+482.6%	18
	1〜10位累計	7,969,061	83.43%	7,664,940	+4.0%	
11	愛媛製紙	234,082	2.45%	233,876	+0.1%	10
12	大津板紙	163,402	1.71%	155,077	+5.4%	12
13	岡山製紙	158,440	1.66%	162,175	△2.3%	11
14	北越コーポレーション	119,736	1.25%	109,995	+8.9%	14
15	エコペーパーJP	109,380	1.15%	115,678	△5.4%	13
16	大豊製紙	88,172	0.92%	98,669	△10.6%	15
17	富山製紙	86,434	0.90%	88,705	△2.6%	16
18	高砂製紙	82,770	0.87%	78,535	+5.4%	17
19	川端製紙	23,700	0.25%	22,000	+7.7%	19
20	立山製紙	18,646	0.20%	18,484	+0.9%	20
	11〜20位累計	1,084,762	8.91%	1,083,194	+0.1%	
	上位20社累計	9,053,823	92.33%	8,748,134	+3.5%	
	全　社　合　計	9,551,994	100.0%	9,291,535	+2.8%	

【段ボール古紙】全体の消費量は＋2.8％と、裾物3品の中で唯一のプラス成長。したがって大半のメーカーが消費を増やしており、1〜10位グループで前年を下回ったのは2位：王子マテリア（△1.7％）、8位：いわき大王（△0.2％）、9位：福山製紙（△2.2％）の3社のみ。段原紙主体の王子マテリアが微減となる一方、苫小牧で段原紙設備を増強した王子製紙は前年の6倍近くまで消費を増やしている。このほか4位：大王（＋4.4％）、5位：新東海（＋8.7％）、14位：北越コーポ（＋8.9％）などが比較的高い伸びを記録している（表6）。

　次に企業単位ではなく、工場単位で古紙消費量を眺めたのが表7。

表7. 古紙消費の上位工場　　　　　　　　　　　　　　　　　　　　　　　　　　　　　　　　単位：t

22 順	21 順	会社・工場	消費量		22/21 増減率	22年	
			22年	21年		構成比	累　計
1	1	大王製紙・三島	1,300,137	1,275,678	+1.9%	8.15%	
2	2	レンゴー・八潮	1,044,095	1,052,810	△0.8%	6.55%	14.70%
3	7	王子製紙・苫小牧	687,186	474,905	+44.7%	4.31%	19.00%
4	3	いわき大王製紙・本社	617,293	628,222	△1.7%	3.87%	22.87%
5	5	新東海製紙・島田	559,847	541,754	+3.3%	3.51%	26.38%
6	4	興亜工業・本社	539,797	547,993	△1.5%	3.38%	29.77%
7	6	日本製紙・富士吉永	468,968	485,330	△3.4%	2.94%	32.71%
8	8	レンゴー・尼崎	434,792	450,700	△3.5%	2.73%	35.43%
9	9	丸三製紙・原町	434,792	430,204	+1.1%	2.73%	38.16%
10	10	王子マテリア・富士	407,213	418,464	△2.7%	2.55%	40.71%
11	11	王子マテリア・釧路	402,886	382,279	+5.4%	2.53%	43.23%
12	16	日本製紙・岩沼	383,157	327,031	+17.2%	2.40%	45.64%
13	12	レンゴー・利根川	380,332	377,155	+0.8%	2.38%	48.02%
14	14	王子マテリア・大分	350,800	345,030	+1.7%	2.20%	50.22%
15	13	日本製紙・草加	347,153	346,659	+0.1%	2.18%	52.40%
16	15	王子マテリア・佐賀	344,855	341,328	+1.0%	2.16%	54.56%
17	19	王子マテリア・祖父江	310,078	298,654	+3.8%	1.94%	71.45%
18	21	レンゴー・金津	303,900	287,556	+5.7%	1.91%	56.46%
19	18	日本製紙・秋田	302,491	312,402	△3.2%	1.90%	58.36%
20	20	福山製紙・本社	288,822	295,188	△2.2%	1.81%	60.17%
21	17	丸住製紙・川之江	288,305	325,649	△11.5%	1.81%	61.98%
22	22	王子マテリア・大阪	258,563	247,460	+4.5%	1.62%	63.60%
23	24	愛媛製紙・本社	239,388	239,800	△0.2%	1.50%	65.10%
24	25	王子マテリア・日光	238,802	234,468	+1.8%	1.50%	66.60%
25	27	大津板紙・本社	233,593	233,739	△0.1%	1.46%	68.06%
26	23	日本製紙・大竹	230,271	240,742	△4.3%	1.44%	69.50%
27	26	王子マテリア・岐阜（恵那）	228,470	234,374	△2.5%	1.43%	72.88%
28	29	日本製紙・足利	191,357	188,056	+1.8%	1.20%	74.08%
29	28	日本製紙・八代	187,456	203,532	△7.9%	1.18%	75.25%
30	32	岡山製紙・本社	165,590	169,310	△2.2%	1.04%	76.29%
31	33	エコペーパーJP・本社	150,631	151,704	△0.7%	0.94%	77.24%
32	34	王子マテリア・岐阜（中津川）	146,385	149,919	△2.4%	0.92%	78.15%
33	37	王子マテリア・江戸川	143,317	127,066	+12.8%	0.90%	79.05%
34	31	日本製紙・石巻	141,877	171,859	△17.4%	0.89%	79.94%
35	35	北越コーポレーション・関東（市川）	140,099	133,181	+5.2%	0.88%	80.82%
36	36	王子マテリア・松本	131,113	133,167	△1.5%	0.82%	81.64%
37	38	北越コーポレーション・新潟	121,383	110,517	+9.8%	0.76%	82.40%
38	39	中越パルプ工業・高岡	106,591	108,450	△1.7%	0.67%	83.07%
39	41	王子製紙・春日井	103,015	98,118	+5.0%	0.65%	83.72%
		39　工　場　計	13,354,800	13,120,453	+1.8%	83.07%	
		全　工　場　合　計	15,952,409	16,042,924	△0.6%	100.0%	

注）年間消費量が10万t以上の工場を抽出

年間消費量が10万t以上の工場を抽出しており、2022年は数としては前年比1工場減の39工場。工場閉鎖に伴って王子マテリアの名寄（前年の30位）が消え、代わって王子製紙・春日井が39位にランクインしたほか、前年40位の大豊製紙が10万t未満で圏外に去った。39工場のうち消費増は18工場、消費減は21工場と、ここでも拮抗している。

増量組で目立つのは何といっても3位：王子製紙・苫小牧の＋44.7％。新聞用紙の減産でONPの消費は減っているが、段原紙マシンの稼働でOCCが大幅な増量となっている。このほか12位：日本製紙・岩沼（＋17.2％）、34位：王子マテリア・江戸川（＋12.8％）が高い伸びを示している。反対に消費減で目立つのは20位：丸住製紙・川之江（△11.5％）、26位：王子マテリア・祖父江（△23.5％）など。この結果、苫小牧が7位→3位、岩沼が16位→12位とランクアップ。対照的に丸住・川之江が17位→20位、祖父江が19位→26位とランクダウンしている。

最後に裾物3品種消費の上位工場を**表8**に示した。抽出基準は年間消費量で、新聞古紙と雑誌古紙が3万t超、段ボール古紙が5万t超。

〈**新聞古紙**〉年間3万t以上を消費したのは前年比△1の12工場。新聞用紙から段原紙への転抄があった1位の王子・苫小牧が△2.4万tと前年に続いての消費減。だが最大の減少幅を記録したのは4位：丸住・川之江の△3.7万tである。また日本・石巻も△1.3万tと比較的大きい消費減となっている。これに対し、前年のマイナス幅が△2.9万tと大きかった日本・岩沼は＋4.4万tと回復。

〈**雑誌古紙**〉年間3万t以上の消費は前年と同じく23工場。リストから5桁の増減を記録した工場を抽出すると、5位：王子マテリアが＋1.8万t、6位：日本・草加が△1.9万t、10位：新東海・島田が△2.0万t、19位：王子マテリア・佐賀が△2.0万tと、いずれも大手の工場である。

〈**段ボール古紙**〉年間5万t以上を消費するのは前年と同じ34工場。うち前年比プラスは21工場で、増加幅が大きいのは2位の大王・三島（＋3.2万t）、3位の新東海・島田（＋3.8万t）、14位の王子マテリア・佐賀（＋2.5万t）、19位の王子マテリア・大阪（＋2.0万t）など。一方、マイナス組では9位の日本・富士吉永が△1.8万t、31位の大豊製紙・本社が△1.0万tと5桁の減量は2工場のみだった。

表8. 裾物3品種消費の上位工場

順	会社・工場名	2022年	2021年	22/21年	22-21年

〈新聞古紙〉…年間3万t以上

順	会社・工場名	2022年	2021年	22/21年	22-21年
1	王子製紙・苫小牧	361,462	385,152	△6.2%	-23,690
2	日本製紙・岩沼	305,161	261,032	+16.9%	+44,129
3	大王製紙・三島	243,822	244,878	△0.4%	-1,056
4	丸住製紙・川之江	228,854	265,633	△13.8%	-36,779
5	日本製紙・八代	165,937	169,773	△2.3%	-3,836
6	いわき大王製紙・本社	112,150	112,899	△0.7%	-749
7	中越パルプ工業・高岡	106,591	108,450	△1.7%	-1,859
8	日本製紙・石巻	102,938	115,982	△11.2%	-13,044
9	王子製紙・富岡	69,069	68,100	+1.4%	+969
10	王子製紙・春日井	64,931	63,400	+2.4%	+1,531
11	王子製紙・日南	62,841	69,666	△9.8%	-6,825
12	日本製紙・富士吉永	35,331	32,461	+8.8%	+2,870
	上位12工場累計	1,859,087	1,897,426	△2.0%	-38,339
	総　合　計	2,219,178	2,402,904	△7.6%	-183,726
	12工場の全体に占める割合	83.8%	79.0%		

〈雑誌古紙〉…年間3万t以上

順	会社・工場名	2022年	2021年	22/21年	22-21年
1	大王製紙・三島	216,434	214,996	+0.7%	+1,438
2	王子マテリア・富士	154,758	151,232	+2.3%	+3,526
3	日本製紙・富士吉永	121,837	123,223	△1.1%	-1,386
4	いわき大王製紙・本社	115,356	123,183	△6.4%	-7,827
5	王子マテリア・江戸川	114,069	95,584	+19.3%	+18,485
6	日本製紙・草加	99,349	118,495	△16.2%	-19,146
7	興亜工業・本社	94,511	103,854	△9.0%	-9,343
8	北越コーポレーション・市川	91,302	86,209	+5.9%	+5,093
9	王子マテリア・日光	80,319	87,536	△8.2%	-7,217
10	新東海製紙・島田	69,607	89,956	△22.6%	-20,349
11	大津板紙・本社	69,244	77,062	△10.1%	-7,818
12	王子マテリア・祖父江	64,354	68,653	△6.3%	-4,299
13	王子マテリア・大分	63,235	72,733	△13.1%	-9,498
14	日本製紙・大竹	61,088	68,774	△11.2%	-7,686
15	日本製紙・秋田	60,892	61,266	△0.6%	-374
16	レンゴー・利根川	55,282	55,513	△0.4%	-231
17	日本製紙・岩沼	54,594	50,969	+7.1%	+3,625
18	北越コーポレーション・勝田	50,831	43,755	+16.2%	+7,076
19	王子マテリア・佐賀	46,470	65,979	△29.6%	-19,509
20	王子製紙・苫小牧	41,990	41,335	+1.6%	+655
21	王子マテリア・大阪	40,731	48,772	△16.5%	-8,041
22	王子マテリア・恵那	35,832	41,237	△13.1%	-5,405
23	アテナ製紙・本社	30,920	30,039	+2.9%	+881
	上位23工場累計	1,833,005	1,920,355	△4.5%	-87,350
	総　合　計	2,158,682	2,300,479	△6.2%	-141,797
	23工場の全体に占める割合	84.9%	83.5%		

単位：t

順	会社・工場名	2022年	2021年	22/21年	22-21年
	〈段ボール古紙〉…年間5万t以上				
1	レンゴー・八潮	999,824	1,001,683	△0.2%	-1,859
2	大王製紙・三島	759,460	727,121	+4.4%	+32,339
3	新東海製紙・島田	471,688	433,746	+8.7%	+37,942
4	レンゴー・尼崎	447,400	439,700	+1.8%	+7,700
5	丸三製紙・原町	434,271	429,661	+1.1%	+4,610
6	興亜工業・本社	426,162	424,697	+0.3%	+1,465
7	王子マテリア・釧路	363,978	335,146	+8.6%	+28,832
8	いわき大王製紙・本社	339,237	339,913	△0.2%	-676
9	日本製紙・富士吉永	287,003	304,632	△5.8%	-17,629
10	レンゴー・金津	284,999	265,075	+7.5%	+19,924
11	福山製紙・本社	283,689	289,953	△2.2%	-6,264
12	王子製紙・春日井	281,652	0	－	+281,652
13	王子マテリア・大分	277,991	261,822	+6.2%	+16,169
14	王子マテリア・佐賀	270,872	245,460	+10.4%	+25,412
15	レンゴー・利根川	245,647	245,439	+0.1%	+208
16	日本製紙・秋田	241,599	249,771	△3.3%	-8,172
17	愛媛製紙・本社	234,082	233,876	+0.1%	+206
18	日本製紙・草加	218,178	198,380	+10.0%	+19,798
19	王子マテリア・大阪	200,111	179,888	+11.2%	+20,223
20	王子マテリア・富士	196,892	201,587	△2.3%	-4,695
21	王子マテリア・岐阜（恵那）	192,163	192,879	△0.4%	-716
22	日本製紙・大竹	168,030	170,279	△1.3%	-2,249
23	大津板紙・本社	163,402	155,077	+5.4%	+8,325
24	岡山製紙・本社	158,440	162,175	△2.3%	-3,735
25	日本製紙・足利	148,906	130,951	+13.7%	+17,955
26	王子マテリア・祖父江	142,163	125,573	+13.2%	+16,590
27	王子マテリア・日光	140,209	127,058	+10.4%	+13,151
28	北越コーポレーション・新潟	119,736	109,995	+8.9%	+9,741
29	エコペーパー JP・本社	109,380	115,678	△5.4%	-6,298
30	王子マテリア・岐阜（中津川）	93,269	88,891	+4.9%	+4,378
31	大豊製紙・本社	91,689	98,669	△7.1%	-6,980
32	富山製紙・本社	86,618	88,705	△2.4%	-2,087
33	高砂製紙・本社	82,770	78,535	+5.4%	+4,235
34	王子マテリア・松本	54,668	52,080	+5.0%	+2,588
	上位34工場累計	9,016,178	8,504,095	+6.0%	+512,083
	総　合　計	9,551,994	9,291,535	+2.8%	+260,459
	34工場の全体に占める割合	94.4%	91.5%		

雑がみ袋を作成しているところは直近5年間で1割にとどまる

古紙再生促進センターは、地方自治体の紙リサイクル施策を継続的に把握することを目的に、毎年「地方自治体紙リサイクル施策調査」を実施、報告書を公表している。2022年度は新たに、各自治体が登録している集団回収団体数や、対面でのごみ減量などを目的とした研修会実施の有無、その2018年度（コロナ禍前）と2021年度（コロナ禍）の比較、雑がみ袋の作成状況などについても調査を行った。

調査対象は東京23区および市町村合計の1,741自治体。回収数は1,154自治体、回収率66.3%で、うち古紙回収を実施している自治体は1,132に上った。以下に主な調査結果を紹介する。

1. 古紙を資源物として回収しているか

（n = 1,154）を尋ねると、「回収している」と回答した自治体は98.1%に当たる1,132。世帯数割合（5,147万世帯）でみても、99.8%が「回収している」ことになる。

前出［1］で、「回収している」を選択した自治体（1,132件）に、**2. 古紙の回収方法**を尋ねた。最多は「行政回収」の83.9%、次いで「集団回収」の67.5%が続いた。世帯数割合（5,138万世帯）では「集団回収」が88.3%と高く、「行政回収」の81.8%を上回った。人口規模別では「20万人以上」の

み「行政回収」（85.4%）に比べて「集団回収」（92.2%）が高く、また地域別でみると、近畿だけ「行政回収」（70.1%）より「集団回収」（85.8%）の割合が高い（図）。

前出［2］で、行政回収を選択した自治体（950件）に、**3. 行政回収の方法**を尋ねると、「集積所回収」（82.3%）が8割以上を占めた。世帯数割合（世帯数4,200万世帯）でも、「集積所回収」（74.2%）が最多だった。

地域別にみると、「集積所回収」の割合は「東北」（96.2%）、「中部」（91.9%）、「中国」（91.8%）で9割以上。また、「戸別回収」の割合は「北海道」（11.1%）、「関東」（7.8%）、「近畿」（6.7%）が他地域に比べて高くなっている。

前出［2］で、行政回収を選択した自治体（950件）に、**4. 行政回収の頻度**を尋ねると、「月1回」が30.5%で最多。次いで「月2回」（20.7%）、「毎週」（20.5%）、「隔週」（15.2%）の順。これに対し、世帯数割合では「毎週」（37.2%）が最も高かった。

人口規模別では、「月1回」は「1万人以上」（39.3%）で高く、「毎週」は「20万人以上」（34.1%）で高い。地域別では、「月1回」は「中国」（57.5%）、「四国」（43.9%）で高く、「毎週」は「北海道」（47.5%）、「関東」（30.4%）で高い。

図. 古紙の回収方法

【自治体数割合】

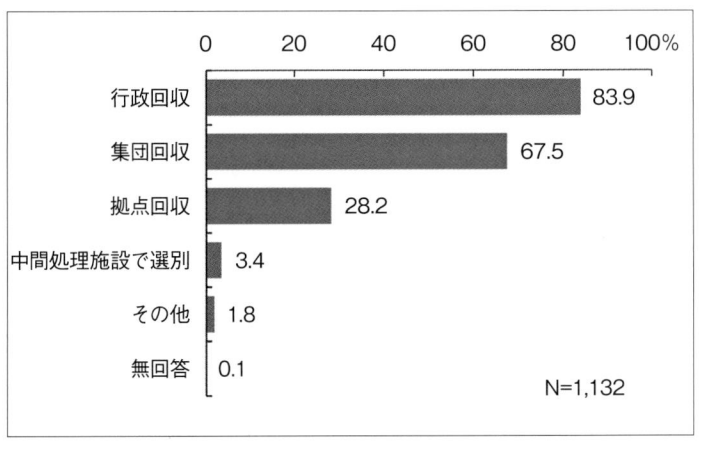

【世帯数割合】

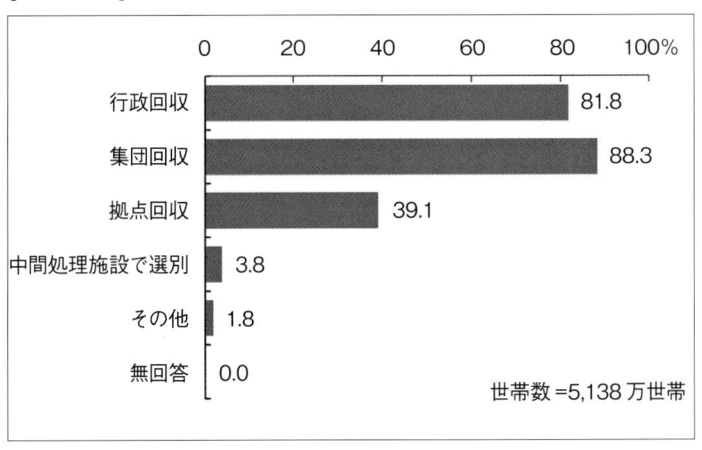

前出 [2] で、「集団回収」を選択した自治体（764件）に、**5. 集団回収の形態**を尋ねると、「PTAや子供会、一部の自治会などで行われている集団回収」が8割以上（84.0％）を占め、「自治会や町会などの区分けで全域的に行われている集団回収」は11.9％と1割程度。世帯数割合でも「PTAや子供会〜」（73.7％）が最多だった。

人口規模別では、「20万人以上」が他の人口規模に比べて「PTAや子供会〜」（74.7％）の割合が低く、「自治会や町会など〜」（20.0％）の割合が高い。地域別では、「北海道」が他の人口規模に比べて「PTAや子供会〜」（71.0％）の割合が低く、「自治会や町会など〜」（22.6％）の割合が高い。

前出 [2] で「集団回収」で回収していると回答した自治体（764件）に、**6. 各自治体が登録している集団回収団体数について、2018年度**（コロナ禍前）**と21年度**（コロナ禍）**のそれぞれ**を尋ねた（回答数717件）。

人口規模別に平均化した団体数でみると、人口規模に比例して団体数も多くなる。また平均団体数で2018年度と21年度を比較すると、すべての人口規模で集団回収団体数が減少していた。

同じく、**7. 集団回収実施団体へ古紙回収量に応じて助成金・奨励金などを交付しているか**を尋ねると、「交付している」が9割（90.4％）を占めた。世帯数割合では95.5％が「交付している」と回答。人口規模別でみると、「交付している」の割合は「10万人以上」（98.1％）、「20万人以上」（96.8％）で高い。地域別では、「交付している」の割合は「関東」（95.4％）、「中部」（93.7％）で高く、「交付していない」の割合は「北海道」（17.7％）で高い。

さらに、**8. 集団回収の回収業者へ古紙の回収量に応じて助成金・奨励金などを交付しているか**を尋ねると、「交付していない」が7割以上（75.3％）を占めた。世帯数割合では「交付していない」が50.0％、「交付している」が41.9％だった。人口規模別では、「交付している」の割合は人口規模が大きいほど高い傾向にある。地域別では、「交付している」の割合は「関東」（37.9％）で高かった。

9.「雑がみ」の回収促進のため、雑がみ袋（回収袋や保管袋）**を直近5年間**（2017年度〜21年度）**に作成したか**を尋ねると、雑がみ袋を作成した割合は約1割〔「雑がみ回収袋を作成した」（7.5％）＋「雑がみ保管袋を作成した」（3.0％）〕にとどまった。世帯数割合では、雑がみ袋を作成した割合は約3割〔「雑がみ回収袋を作成した」（24.5％）＋「雑がみ保管袋を作成した」（6.0％）〕だった。

人口規模別では、雑がみ袋を作成した〔「雑がみ回収袋を作成した」＋「雑がみ保管袋を作成した」〕割合は人口規模が大きいほど高い。地域別では、雑がみ袋を作成した割合は「近畿」、「関東」、「中部」で1割以上（**表1**）に達している。

前出［9］で、「1雑がみ回収袋を作成した」、「2雑がみ保管袋を作成した」を選択した自治体（119件）に、**10. 作成年度**（和暦）**、作成枚数**を尋ねると、「1万〜2万5,000枚未満」が33件で最多。

同じく、**11. 雑がみ回収袋あるいは雑がみ保管袋をどのように配布したか**を尋ねると、「役場や公共施設などで希望者に提供」（45.4％）と「イベントなどで参加者に提供」（42.9％）が高い。世帯数割合では、「イベントなどで参加者に提供」（50.6％）、「役場や公共施設などで希望者に提供」

表1．属性別の雑がみ袋の配布　　　　　　　　　　　　　　　　　　　　　　　単位：％

区　　分		件数	全世帯に配布	小学校や中学校の児童・生徒に配布	役場や公共施設などで希望者に提供	イベントなどで参加者に提供	その他	無回答
全　　体		119	20.2	20.2	45.4	42.9	27.7	0.8
市区町村別	市・区	103	20.4	20.4	43.7	48.5	30.1	0.0
	町	15	20.0	20.0	53.3	6.7	13.3	6.7
	村	1	0.0	0.0	100.0	0.0	0.0	0.0
人口規模別	70万人以上	7	0.0	0.0	28.6	28.6	85.7	0.0
	20万人以上	42	7.1	23.8	47.6	61.9	26.2	0.0
	10万人以上	22	27.3	22.7	50.0	54.5	31.8	0.0
	5万人以上	20	20.0	15.0	45.0	30.0	25.0	0.0
	1万人以上	26	42.3	23.1	42.3	19.2	15.4	0.0
	1万人未満	2	0.0	0.0	50.0	0.0	0.0	50.0
地域別	北海道	5	20.0	0.0	60.0	20.0	20.0	0.0
	東　北	10	30.0	40.0	50.0	80.0	0.0	0.0
	関　東	42	7.1	21.4	57.1	47.6	21.4	0.0
	中　部	25	24.0	28.0	32.0	44.0	32.0	0.0
	近　畿	24	37.5	12.5	29.2	16.7	45.8	0.0
	中　国	4	0.0	25.0	75.0	100.0	25.0	0.0
	四　国	2	0.0	0.0	50.0	50.0	50.0	0.0
	九　州	7	28.6	0.0	42.9	28.6	28.6	14.3
	沖　縄	0	0.0	0.0	0.0	0.0	0.0	0.0

（48.7％）、「その他」（49.7％）で高かった。

12．対面にてごみ減量などを目的とした研修会（廃棄物減量等推進員や集団回収団体など一般市民を対象）**を、2018年度**（コロナ禍前）**および21年度**（コロナ禍）**に実施したか**を尋ねると、2018年度では「実施した」が45.5％、「実施しなかった」が51.8％だった。これに対し、2021年度は「実施した」が30.2％という結果。世帯数割合でみると、2018年度は「実施した」が7割弱（69.7％）も、21年度は「実施しなかった」（49.8％）が「実施した」（47.0％）を上回っている。

人口規模別でみると、2018年度は、「実施した」の割合は人口規模が大きくなるほど高い。地域別では、「中国」、「関東」で「実施した」が5割を超えた。2021年度は、「実施した」の割合が「20万人以上」（53.4％）と「10万人以上」（53.2％）で5割を超えた。地域別では、「実施した」の割合が「中国」（41.5％）で高く、「北海道」（16.1％）で低い。

前出［12］で、2018年度は「1実施した」を選択し、21年度は「2実施しなかった」を選択した自治体（205件）に、**13．対面での研修会の代替として行ったものはある**

かを尋ねると、「特に行っていない」が58.5％で最多。次いで「リサイクル啓発資料などの配布・提供」（30.7％）となる。世帯数割合でも、「特に行っていない」（54.3％）、「リサイクル啓発資料等の配布・提供」（35.0％）の順。

このほか、SDGsの取組み内容の記載として、回収した自治体（1,154件）に、**14. 貴自治体の一般廃棄物処理基本計画に、SDGsの視点を踏まえた取組み内容を記載しているか**を尋ねると、「記載していない」が57.3％で最多。一方、「記載している」は39.1％だった。世帯数割合では「記載している」が57.6％を占め、「記載していない」（34.7％）を上回った。

人口規模別では、「記載している」（「計画策定の趣旨などに記載しているほか、具体的な施策の中にも記載している」＋「計画策定の趣旨にのみ記載している」）割合は人口規模が大きくなるほど高く、「10万人以上」から「記載している」が「記載していない」を上回った。地域別では、「記載している」が「関東」（49.0％）、中部（46.0％）で高い。

15. 貴自治体の一般廃棄物処理基本計画に、ごみ減量施策の1つとして紙類の焼却量減少や資源化促進を記載しているかを尋ねると、「記載しているが、具体的な数値目標は設定していない」（31.0％）と「記載しており、具体的な数値目標も設定している」（23.7％）を合わせると5割超（54.7％）に達する。

世帯数割合では「記載しているが、具体的な数値目標は設定していない」（37.5％）と「記載しており、具体的な数値目標も設定している」（28.6％）を合わせると66.1％。人口規模別では、「記載しており、具体的な数値目標も設定している」と「記載しているが、具体的な数値目標は設定していない」を合わせた「記載している」の割合は、人口規模が大きいほど高い。地域別では、「記載している」の割合は「中部」（22.5％＋40.2％）で高かった。

16. 耐用年数が5年以内に迫っている、あるいは老朽化している焼却炉はあるかを尋ねると、「ない」が47.1％、「ある」が27.4％。「焼却炉を所有していない」は21.8％だった。世帯数割合をみると、「ある」（45.5％）が「ない」（42.6％）を上回った。市区町村別では、「ある」の割合は「市・区」（33.3％）、「町」（21.2％）、「村」（14.4％）の順で高い。

前出［16］で、「ある」と選択した自治体（316件）に、**17. その焼却炉は今後どのようにしていく予定か**を尋ねると、「建て替

えや改修を行い、以前と同程度の処理能力を持たせる」が39.6％で最も多く、次いで「建て替えや改修は行うが、以前よりも規模を小さくし、処理能力を落とす」（17.1％）が続く。世帯数割合でも「建て替えや改修を行い、以前と同程度の処理能力を持たせる」（49.7％）が最多で、約5割を占めた。

表2. 1人当たり古紙回収量の推移

合計	2018年度 (A)		2020年度 (B)		2021年度 (C)		C/A	C/B
	N	kg/人・年	N	kg/人・年	N	kg/人・年	%	%
	1,007	23.6	1,036	21.6	1,095	22.3	94.5	103.2

表3. 古紙の種類別回収量

種　類	2020年度 (A)		2021年度 (B)		B/A
	N	kg/人・年	N	kg/人・年	(%)
新　聞	1,024	7.2	1,081	7.4	102.8
段ボール	1,030	7.3	1,089	7.6	104.1
雑　誌	1,011	5.3	1,074	5.0	94.3
雑がみ	723	2.4	957	2.4	100.0
紙パック	852	0.1	909	0.1	100.0
紙製容器包装	140	1.8	149	1.8	100.0
その他	0	0.0	0	0.0	—

前出 [1] で、「1回収している」を選択した1,095自治体に、**18. 2021年度に回収された古紙の回収量**を尋ねた。データを基に、各自治体の人口1人当たり回収量（原単位）を算出し、平均値を算出すると22.3kg/人・年だった。2020年度の21.6kg/人・年と比較すると103.2％で増えているが、コロナ禍前の2018年度と比べると94.5％にとどまる（表2）。

市区町村別では、「村」（28.0kg/人・年）、「町」（22.9kg/人・年）、「市・区」（21.2kg/人・年）の順で多い。2020年度と比較すると、「市・区」、「町」、「村」すべてで増加した。

人口規模別では、「1万人未満」（28.2kg/人・年）が最も多く、「1万人以上」（19.6kg/人・年）が最も少なかった。2020年度と比較すると、「10万人以上」のみ減少し、その他の人口規模は増加した。

地域別でみると、「北海道」は36.8kg/人・年と地域別で最多。「近畿」は22.1kg/人・年で、2020年度比111.1％と増加割合が最も大きかった。「九州」は14.3kg/人・年で、回収量が最少。2020年度比99.3％で、唯一前年に比べ減少している。

種類別でみると、段ボールは7.6kg/人・年で、種類別では最多。また2020年度比は104.1％で、増加割合が最も大きかった。雑誌は2020年度比94.3％で唯一前年に比べ減少した。新聞は7.4kg/人・年で、2020年度比102.8％と概ね前年に比べ増加した（表3）。

回収方法別では、2020年度と比較すると、「行政回収」は101.8％で増加したのに対し、「集団回収」は98.2％で減少した。

コロナ禍による前年の落込みから急回復した21年の世界古紙需給

2021年の世界古紙需給は、回収量が前年比5.4％増の2億5,689万tと2年ぶりのプラス成長を記録。また利用（消費）量も同4.5％増の2億5,477万tと同じく2年ぶりのプラス成長を確保した。一方、貿易では輸出が5.2％増の4,766万t、輸入が0.6％増の4,579万t。最大の古紙輸入バイヤーだった中国が2020年末をもって世界の貿易市場から撤退したことで、その影響が輸入の実質横ばいという実績となって現れている。

ちなみに同年の木材パルプ消費量は2.4％増の1億7,411万t。古紙の伸びがパルプの伸びを2.1ポイント（pt）上回った結果、世界の古紙利用率は前年より0.4ptアップして59.9％に達している。22年のデータで利用率が60％の大台を超えるのは間違いなさそうだ。

1人当たり消費量は
1.6kg増の32.8kg

以下、順を追って2021年の世界古紙需給を眺めてみる。ここで用いたデータはファストマーケッツRISIの2022年版『Annual Review of Global Pulp and Paper Statistics』（アニュアルレビュー）。ここから2020、21の両年における古紙需給を各国・各地域ごとに分析していく。

ただし、最初に断っておくが、2021年に紙・板紙の繊維原料に関するデータが部分的にせよ集計できたのは138ヵ国で、紙・板紙需給の集計対象国（175ヵ国）に比べるとかなり少ない。しかも、この138ヵ国のうち35ヵ国には「消費（利用）」の実績がない。つまり全体の4分の1ほどは回収・輸入した全量を「輸出」に回しており、製紙原料として「消費」の実績があるのは103ヵ国にとどまる。だが、その消費実績のない35ヵ国も、古紙の回収や輸出という形で国際的な資源循環のサイクルに組み込まれているのは確かだ。

しかし、このように範囲を拡げてもなお紙・板紙の需給データに比べれば、古紙の需給データは完全度が低いと言わなければならない。さらに計算上、輸出比率や輸入比率で100％を超える国があったり、消費がマイナス（△）の国もあるなど、明らかな矛盾もみられる。それでも他に信頼できるデータがなく、また全体像を掴むのに不足はないと判断して、この資料を使い続けている。

なお各国および各地域別の詳細な総括表を付表1として132〜137頁に、回収率と利用率の試算を付表2として138〜140

頁に掲載しているので、各表の注記も含め必要に応じて参照してほしい。また付表1では人口1人当たりの年間古紙消費量を国・地域別に算出しているが、21年は前年から1.6kg増えて32.8kgとなった。

【回収量】

最初に古紙回収量の上位20ヵ国を**表1**に集計した。1位は中国で6,593万t。この年からの輸入禁止で国内古紙の掘り起こしを迫られた結果か、対前年比で＋10.0%という高い伸び率を記録している。2位は米国で4,587万t。2014年に初めて中国が米国を抜き回収量トップの座に着いた時、両国の差は155万tだったが21年には1,650万t近くまで拡大している。

この2大国に大きく水を空けられてはいるが、不動の3位に位置するのが日本で1,839万t。回収量の上位10ヵ国で前年実績を割り込んでいるのは日本だけである。しかし振り返れば12年前の09年時点においては中国の3,424万tに対し、日本は2,166万tと1,300万t弱の差だった。しかし、それから干支が一回りする（12年）間に中国の回収量は日本の3.6倍まで拡大している。中国の古紙回収率は2021年時点で54.4%と日本の79.4%よりかなり低いが、それでも回収量にはこれだけの差が

表1．古紙回収量の上位20ヵ国　　　　（単位：1,000t）

順	国　　　名	2020年	2021年	シェア	21/20
1	中　　国	59,610	65,932	25.7%	10.6%
2	米　　国	43,127	45,868	17.9%	6.4%
3	日　　本	18,866	18,394	7.2%	△2.5%
4	ドイツ	14,592	14,678	5.7%	0.6%
5	韓　　国	8,704	9,241	3.6%	6.2%
6	英　　国	6,650	7,143	2.8%	7.4%
7	イタリア	6,803	7,033	2.7%	3.4%
8	フランス	6,319	6,874	2.7%	8.8%
9	インド	5,278	5,833	2.3%	10.5%
10	メキシコ	4,380	4,762	1.9%	8.7%
11	ブラジル	4,571	4,590	1.8%	0.4%
12	ロシア	4,025	4,550	1.8%	13.0%
13	スペイン	4,372	4,395	1.7%	0.5%
14	インドネシア	4,492	3,883	1.5%	△13.6%
15	カナダ	3,552	3,673	1.4%	3.4%
16	トルコ	2,820	3,347	1.3%	18.7%
17	ポーランド	2,979	3,143	1.2%	5.5%
18	台　　湾	3,085	3,045	1.2%	△1.3%
19	タ　　イ	2,986	2,891	1.1%	△3.2%
20	オーストラリア	2,568	2,607	1.0%	1.5%
	20ヵ国計	209,779	221,879	86.4%	5.8%
	世界合計	243,815	256,886	100.0%	5.4%

付いている。

また4位のポジションを占めるドイツはこのところ日本との差を少しずつ詰めており、21年は前年の428万tから372万tまで縮まっている。ドイツはすでに消費量では日本の上を行く3位に付けており、将来的には回収量でも逆転がありそうだ。さらに5位の韓国は20年の＋9.3%に続き21年も+6.2%という高伸長で924万tまで回収量を増やしており、そこから210万tの大差で6位＝英国（714万t）、11万tの僅差で7位＝イタリア（703万t）、16万tの差

で8位＝フランス（687万t）と続く。

　世界の回収量に占める割合が10％を超えているのは米中両国のみで、これに7％台の日本と5％台のドイツ、3％台の韓国を加えた上位5ヵ国が世界で回収される古紙の約6割を稼ぎ出している。ただしインド、インドネシアなどの新興国が台頭するにつれて、日本のシェアは少しずつ後退している。

　1〜10位には先進国が多数ランクインしているが、前述したようにマイナス成長だったのは日本のみ。また、11〜20位では12位のロシア（＋13.0％）、16位のトルコ（＋18.7％）など大人口を擁する新興国・途上国の台頭が目立つ。

【輸出量】

　古紙輸出量の上位20ヵ国を表2に掲げた。ここでは、世界全体の3分の1強（34％）を占める米国が文字通りのガリバー的存在。20年には前年比△12.7％と大きく減少したものの、21年は世界的な需要回復から＋12.5％の1,629万tと盛り返した。米国は中国向けのウェイトが大きかったので、同国の輸入禁止が一時的に影響したものの、繊維強度の高い米国古紙に対するニーズは世界的に旺盛であり、短期間のうちに振替え先が固まった。

表2.　古紙輸出量の上位20ヵ国　　　（単位：1,000t）

順	国　　名	2020年	2021年	シェア	21/20
1	米　国	14,477	16,291	34.2%	12.5%
2	英　国	3,850	4,298	9.0%	11.6%
3	フランス	2,272	2,563	5.4%	12.8%
4	日　本	3,188	2,365	5.0%	△25.8%
5	オランダ	2,441	2,308	4.8%	△5.4%
6	ドイツ	2,056	1,795	3.8%	△12.7%
7	カナダ	1,498	1,727	3.6%	15.3%
8	イタリア	1,851	1,349	2.8%	△27.1%
9	ポーランド	1,179	1,315	2.8%	11.6%
10	ベルギー	1,250	1,177	2.5%	△5.8%
11	オーストラリア	999	1,052	2.2%	5.2%
12	チェコ	747	771	1.6%	3.2%
13	スペイン	728	706	1.5%	△2.9%
14	香　港	450	609	1.3%	35.5%
15	スウェーデン	412	522	1.1%	26.7%
16	デンマーク	481	522	1.1%	8.5%
17	スイス	444	463	1.0%	4.3%
18	韓　国	414	444	0.9%	7.4%
19	シンガポール	433	437	0.9%	1.0%
20	ノルウェー	390	414	0.9%	6.2%
	20ヵ国計	43,135	39,725	87.4%	△7.9%
	世界合計	49,313	45,452	100.0%	△7.8%

　2位は英国で、やはり前年の△10.6％という落込みから＋11.6％と失地を挽回している。3位のフランスは＋12.8％という高い伸びで、前年の5位から順位を二つ上げた。この英仏両国を含む欧米勢はインドや東南アジアなどに広く販路を開拓しており、とりわけ米国品に比べて割安なOCCはアジアを中心に根強い需要がある。

　一方、20年に輸出量上位5ヵ国の中で＋1.5％と唯一のプラス成長だった日本は、21年に△25.8％と大幅なマイナスを記録。

順位も一つ下げて4位となった。タイトな需給を背景にサプライヤーが国内販売を優先したことに加え、中国に代わる新たな輸出先の開拓に後れをとった観もある。5位のオランダ、6位のドイツはいずれも前年割れ。特にドイツは増加する国内需要への対応で、20年の△15.2％に続き21年も△12.7％と二桁のマイナス。19年からの累計では60万t超の減少だ。

上位20ヵ国累計の輸出量は前年比＋4.0％の4,113万t。この20ヵ国が世界の輸出全体に占める割合は86％に達している。

【輸出比率】

古紙輸出比率の高い上位20ヵ国を**表3**にまとめた。「20、21両年の輸出量がともに10万tを超えている国」という基準で抽出している。表の注記に示した通り輸出比率が100％を超えるのは不自然だが、21年の上位4ヵ国はいずれも、[**輸出量÷回収量**]で算出した名目上の輸出比率が100％を超えている。統計上の過誤でないとすれば、これは一度輸入した（自国回収分ではない）古紙の再輸出（もしくは三国間貿易）が含まれているためと推定される。

古紙の輸出比率が高くなる条件としては＊自国の製紙産業が発達していない ＊自国の製紙原料がフレッシュパルプ主体

表3. 輸出比率の高い上位20ヵ国

順	国　　名	2020年	2021年
1	オランダ	102.2%	119.5%
2	シンガポール	114.2%	114.8%
3	香　港	104.3%	100.8%
4	アイルランド	101.2%	100.6%
5	スロヴァキア	116.2%	94.6%
6	デンマーク	116.2%	94.6%
7	チェコ	83.2%	84.0%
8	ベルギー	85.9%	77.4%
9	ベルギー	64.3%	69.6%
10	グァテマラ	76.9%	83.4%
11	ノルウェー	64.3%	69.6%
12	スロヴェニア	59.8%	67.5%
13	クロアチア	55.6%	63.1%
14	ギリシャ	59.8%	62.3%
15	英　国	57.9%	60.2%
16	ニュージーランド	50.2%	53.5%
17	ポルトガル	49.4%	48.1%
18	カナダ	42.2%	47.0%
19	スウェーデン	38.7%	45.3%
20	ハンガリー	41.6%	44.8%
＜参考＞			
27	米　国	33.6%	35.5%
33	日　本	16.9%	12.9%

注1）輸出比率＝[輸出÷回収]で算出。
注2）名目上の輸出比率が100％を超えている国があるのは、一度輸入した（自国回収分ではない）ものの再輸出があるからだと考えられる。
注3）両年の輸出量が10万t以上の国のみから抽出。

＊国内消費分を大幅に上回る古紙回収量がある──などが考えられるが、この表でもそうした条件に当てはまる国が上位を占めている。

【輸入量】

古紙輸入の上位20ヵ国を**表4**で眺めてみよう。かつて圧倒的なトップだった中国が19位に後退し、代わってトップに立っ

たのはインド。21年は700万t強を輸入し、全体に占める割合も15％を超えた。これは20年における中国のポジション（689万t、シェア15.0％）を上回っており、市場での存在感も一段と高まった。

2位：ドイツ、3位：ベトナム、4位：インドネシア、5位：オランダは中国が抜けた分、それぞれ順位が一つずつ繰り上がった。2位と3位は、ともに20％超の伸長。また6位：タイ、8位：マレーシアのアジア勢は70％前後の高い伸びを示しており、中国の実質的な撤退で調達がしやすくなった実態を示唆するものだ。この中には自国での製紙マシン新増設に対応するための調達に加え、古紙パルプに加工して中国へ輸出する分が相当量含まれているはずだ。

【利用（消費）量】

古紙利用（消費）の上位20ヵ国を表5に示す。ただし、この数値は［回収－輸出＋輸入］というシンプルな計算式で弾き出したもの。1位の中国は21年に世界全体の28％に当たる7,109万tの古紙を利用している。続く第2位には2,958万tの米国が付けており、シェアは12％弱。中国との差は4,100万t以上まで拡大しているが、国内でグラフィック用紙からパッケージング用紙への転抄が続いており、伸びしろはまだ大きいと考えられる。

長年、中米に次いで第3位のポジションを占めていた日本は17年以降、僅差ながらドイツに抜かれ第4位に後退。そして18年から韓国を抜いて5位に付けたインドまでが年間1,000万t超の古紙消費大国で、1～5位の累計シェアは58％に達する。また6位の韓国も大台突破を目前にしており、22年の統計ではまず間違いなく1,000万t台に到達するだろう。

表4. 古紙輸入量の上位20ヵ国 （単位：1,000t）

順	国名	2020年	2021年	シェア	21/20
1	インド	5,994	7,027	15.3%	17.2%
2	ドイツ	4,369	5,414	11.8%	23.9%
3	ベトナム	3,381	4,074	8.9%	20.5%
4	インドネシア	3,000	3,444	7.5%	14.8%
5	オランダ	2,653	3,033	6.6%	14.3%
6	タイ	1,606	2,805	6.1%	74.7%
7	メキシコ	1,517	1,819	4.0%	19.9%
8	マレーシア	1,074	1,791	3.9%	66.7%
9	オーストリア	1,516	1,692	3.7%	11.7%
10	スペイン	1,487	1,667	3.6%	12.1%
11	台湾	1,374	1,551	3.4%	12.9%
12	トルコ	1,533	1,191	2.6%	△22.3%
13	韓国	1,150	1,188	2.6%	3.3%
14	カナダ	845	939	2.0%	11.1%
15	フランス	897	938	2.0%	4.6%
16	米国	612	878	1.9%	43.5%
17	ベルギー	889	746	1.6%	△16.1%
18	ポーランド	525	590	1.3%	12.4%
19	中国	6,893	538	1.2%	△92.2%
20	ハンガリー	450	457	1.0%	1.7%
	20ヵ国計	41,766	41,783	91.2%	0.0%
52	日本	30	16	0.0%	△46.7%
	世界合計	45,510	45,794	100.0%	0.6%

表5. 古紙利用 (消費) 量の上位 20 ヵ国　　（単位：1,000t）

順	国　　　名	2020年	2021年	シェア	21/20
1	中　国	70,009	71,093	27.9%	1.5%
2	米　国	28,477	29,581	11.6%	3.9%
3	ドイツ	16,905	18,297	7.2%	8.2%
4	日　本	15,708	16,045	6.3%	2.1%
5	インド	10,987	12,034	4.7%	9.5%
6	韓　国	9,215	9,940	3.9%	7.9%
7	インドネシア	7,297	6,940	2.7%	△4.9%
8	メキシコ	5,866	6,555	2.6%	11.8%
9	イタリア	5,207	6,050	2.4%	16.2%
10	スペイン	5,131	5,355	2.1%	4.4%
11	フランス	4,944	5,249	2.1%	6.2%
12	ベトナム	4,903	4,842	1.9%	△1.2%
13	ブラジル	4,578	4,757	1.9%	3.9%
14	ロシア	3,949	4,531	1.8%	14.8%
15	トルコ	4,309	4,463	1.8%	3.6%
16	タ　イ	4,277	4,324	1.7%	1.1%
17	台　湾	3,628	3,860	1.5%	6.4%
18	英　国	2,959	2,934	1.2%	△0.8%
19	カナダ	2,900	2,885	1.1%	△0.5%
20	オランダ	2,601	2,656	1.0%	2.1%
	20 ヵ国計	213,851	222,391	87.3%	4.0%
	世界合計	243,901	254,765	100.0%	4.5%

注) 古紙利用 (消費) 量＝回収量－輸出量＋輸入量

表6.　輸入比率の高い上位 20 ヵ国

順	国　　　名	2020年	2021年
1	オランダ	102.0%	114.2%
2	スロヴァキア	152.4%	89.4%
3	ベトナム	69.0%	84.1%
4	マレーシア	60.2%	74.5%
5	ベルギー	81.2%	68.5%
6	クロアチア	57.9%	67.5%
7	オーストリア	59.2%	66.5%
8	タ　イ	37.5%	64.9%
9	スロヴェニア	70.6%	63.6%
10	インド	54.6%	58.4%
11	ハンガリー	57.1%	57.6%
12	インドネシア	41.1%	49.6%
13	セルビア・モンテネグロ	50.7%	41.5%
14	台　湾	37.9%	40.2%
15	ウクライナ	31.9%	35.0%
16	パキスタン	42.9%	33.8%
17	カナダ	29.2%	32.5%
18	スペイン	29.0%	31.1%
19	ドイツ	25.8%	29.6%
20	スウェーデン	29.5%	28.7%

＜参考＞

28	中　国	9.8%	0.8%
－	日　本	0.2%	0.1%

注1) 輸入比率＝ [輸入÷利用] で算出。
注2) 両年の輸入量が10万t以上の国のみから抽出。
注3) 日本の輸入量は両年とも10万t未満なのでランク外。

【輸入比率】

[輸入÷消費] の計算式で輸入比率の高い上位20ヵ国をまとめたのが表6。20、21両年の輸入量が10万tを超える国のみを対象に抽出している。過半数の12ヵ国が欧州勢だが、次いで7ヵ国をアジア勢が占めた。

そのアジア勢の中ではベトナムが輸入比率84%でトップ。以下、マレーシア (同74%)、タイ (65%)、インド (58%) と続く。

付表1．世界の国・地域別古紙需給（2020 ～ 21 年）①

国・地域	古　紙							
	回収 (r)			輸出 (e)			輸出比率 (e÷r)	
	2020 年	2021 年	21/20	2020 年	2021 年	21/20	2020 年	2021 年
アルバニア	24	21	△8.8%	4	4	6.8%	15.5%	18.2%
アルメニア	19	21	8.0%	0	0	－	0.0%	0.0%
オーストリア	1,292	1,118	△13.5%	250	266	6.3%	19.3%	23.8%
アゼルバイジャン	9	9	0.0%	1	1	0.0%	11.6%	11.6%
ベラルーシュ	261	283	8.6%	27	24	△9.3%	10.2%	8.5%
ベルギー	1,455	1,520	4.5%	1,250	1,177	△5.8%	85.9%	77.4%
ボスニア・ヘルツェゴビナ	108	108	△0.1%	44	38	△14.5%	40.6%	34.8%
ブルガリア	278	247	△11.3%	103	98	△4.2%	36.9%	39.9%
クロアチア	265	285	7.2%	148	179	21.5%	55.6%	63.1%
キプロス	44	48	7.4%	44	48	7.4%	100.0%	100.0%
チェコ	897	917	2.2%	747	771	3.2%	83.2%	84.0%
デンマーク	513	559	9.0%	481	522	8.5%	93.8%	93.4%
エストニア	69	48	△29.7%	67	69	3.7%	97.2%	143.4%
フィンランド	588	541	△8.0%	100	147	46.3%	17.1%	27.2%
フランス	6,319	6,874	8.8%	2,272	2,563	12.8%	36.0%	37.3%
ジョージア	13	16	27.0%	8	11	47.5%	60.2%	69.9%
ドイツ	14,592	14,678	0.6%	2,056	1,795	△12.7%	14.1%	12.2%
ギリシャ	548	579	5.7%	328	361	10.2%	59.8%	62.3%
ハンガリー	578	610	5.7%	240	273	13.9%	41.6%	44.8%
アイスランド	26	28	9.4%	26	28	9.4%	100.0%	100.0%
アイルランド	370	402	8.8%	374	404	8.1%	101.2%	100.6%
イタリア	6,803	7,033	3.4%	1,851	1,349	△27.1%	27.2%	19.2%
ラトヴィア	75	82	9.6%	86	100	16.4%	115.1%	122.2%
リトアニア	193	205	6.4%	79	94	19.8%	40.7%	45.9%
マケドニア	47	38	△19.1%	36	38	7.7%	75.6%	100.6%
マルタ	17	20	16.5%	17	20	16.5%	100.0%	100.0%
モルドヴァ	20	25	26.1%	20	25	26.1%	100.0%	100.0%
オランダ	2,388	1,931	△19.1%	2,441	2,308	△5.4%	102.2%	119.5%
ノルウェー	606	594	△2.0%	390	414	6.2%	64.3%	69.6%
ポーランド	2,979	3,143	5.5%	1,179	1,315	11.6%	39.6%	41.8%
ポルトガル	849	851	0.3%	419	410	△2.2%	49.4%	48.1%
ルーマニア	608	696	14.4%	143	171	19.1%	23.5%	24.5%
ロシア	4,025	4,550	13.0%	151	97	△35.5%	3.8%	2.1%
セルビア・モンテネグロ	239	261	9.6%	84	92	9.0%	35.3%	35.1%
スロヴァキア	332	406	22.3%	386	384	△0.4%	116.2%	94.6%
スロヴェニア	248	245	△1.1%	148	166	11.6%	59.8%	67.5%
スペイン	4,372	4,395	0.5%	728	706	△2.9%	16.6%	16.1%
スウェーデン	1,065	1,154	8.4%	412	522	26.7%	38.7%	45.3%
スイス	1,174	1,175	0.1%	444	463	4.3%	37.8%	39.4%
トルコ	2,820	3,347	18.7%	44	75	71.1%	1.6%	2.3%
ウクライナ	675	618	△8.5%	10	11	5.9%	1.5%	1.7%
英　国	6,650	7,143	7.4%	3,850	4,298	11.6%	57.9%	60.2%
欧　州 (42ヵ国/42ヵ国) 計	64,451	66,824	3.7%	21,515	21,310	△1.0%	33.4%	31.9%

輸入 (i)			利用 (r-e+i) = (u)			輸入比率 (i÷u)		人 口 (千人)	1人当たり古紙消費量 (21年)
（単位：1,000t）									
2020年	2021年	21/20	2020年	2021年	21/20	2020年	2021年	2021年 (p)	<kg> (u÷p)
0	0	–	20	18	△11.8%	0.1%	0.0%	3,088	5.68
0	0	–	19	21	8.0%	0.0%	0.0%	3,012	6.93
1,516	1,692	11.7%	2,558	2,545	△0.5%	59.2%	66.5%	8,885	286.44
0	0	–	8	8	0.0%	0.0%	0.0%	10,282	0.74
28	39	36.6%	262	297	13.4%	10.8%	13.0%	9,442	31.50
889	746	△16.1%	1,095	1,089	△0.5%	81.2%	68.5%	11,779	92.48
0	2	–	65	72	12.2%	0.3%	2.5%	3,825	18.93
12	9	△27.1%	187	157	△16.2%	6.4%	5.5%	6,919	22.67
162	219	34.9%	280	324	15.7%	57.9%	67.5%	4,209	76.97
0	0	–	0	0	–	–	–	1,282	0.00
80	75	△7.2%	231	221	△4.3%	34.8%	33.8%	10,703	20.65
48	44	△7.0%	80	81	1.9%	59.8%	54.5%	5,895	13.75
4	27	535.5%	6	6	1.4%	69.0%	432.5%	1,220	5.16
68	67	△0.8%	555	461	△16.9%	12.2%	14.6%	5,587	82.51
897	938	4.6%	4,944	5,249	6.2%	18.1%	17.9%	68,084	77.10
0	0	–	5	5	△3.9%	0.0%	0.0%	4,934	1.00
4,369	5,414	23.9%	16,905	18,297	8.2%	25.8%	29.6%	79,903	228.99
12	25	101.0%	233	243	4.4%	5.3%	10.1%	10,570	22.97
450	457	1.7%	787	794	0.9%	57.1%	57.6%	9,728	81.66
0	0	–	0	0	–	–	–	354	0.00
4	2	△48.6%	△0	0	△149.1%	–	–	5,225	0.00
255	366	43.6%	5,207	6,050	16.2%	4.9%	6.1%	62,390	96.97
11	18	61.9%	0	0	–	–	–	1,863	0.00
45	59	31.3%	160	171	6.9%	28.4%	34.8%	2,712	62.91
2	3	1.2%	14	2	△83.6%	17.9%	110.0%	2,128	1.08
0	0	–	0	0	–	–	–	461	0.00
0	0	–	0	0	–	–	–	3,324	0.00
2,653	3,033	14.3%	2,601	2,656	2.1%	102.0%	114.2%	17,337	153.19
20	56	178.1%	237	237	0.0%	8.5%	23.8%	5,510	43.02
525	590	12.4%	2,325	2,418	4.0%	22.6%	24.4%	38,186	63.32
16	15	△10.3%	446	456	2.2%	3.7%	3.2%	10,264	44.43
50	39	△22.1%	515	564	9.5%	9.7%	6.9%	21,230	26.57
74	79	5.9%	3,949	4,531	14.8%	1.9%	1.7%	142,321	31.84
158	120	△24.2%	313	290	△7.4%	50.7%	41.5%	9,517	30.43
157	183	16.9%	103	205	99.4%	152.4%	89.4%	5,436	37.67
239	139	△41.8%	339	219	△35.4%	70.6%	63.6%	2,102	104.18
1,487	1,667	12.1%	5,131	5,355	4.4%	29.0%	31.1%	47,261	113.31
274	254	△7.3%	926	885	△4.4%	29.5%	28.7%	10,262	86.24
174	225	29.3%	904	937	3.7%	19.2%	24.0%	8,454	110.84
1,533	1,191	△22.3%	4,309	4,463	3.6%	35.6%	26.7%	82,482	54.11
311	327	5.2%	975	934	△4.3%	31.9%	35.0%	43,746	21.35
160	89	△44.0%	2,959	2,934	△0.8%	5.4%	3.0%	67,081	43.74
16,656	18,740	12.5%	59,651	63,195	5.9%	27.9%	29.7%	848,991	74.44

付表1．世界の国・地域別古紙需給（2020 ～ 21 年）②

国・地域	古　　　　紙							
	回収（r）			輸出（e）			輸出比率（e÷r）	
	2020年	2021年	21/20	2020年	2021年	21/20	2020年	2021年
バングラデシュ	660	701	6.1%	0	0	－	0.0%	0.0%
ブルネイ	6	6	2.8%	6	6	2.8%	100.0%	100.0%
カンボジア	78	112	44.6%	42	75	80.0%	54.0%	67.2%
中　国	59,610	65,932	10.6%	0	0	－	0.0%	0.0%
香　港	431	604	40.1%	450	609	35.5%	104.3%	100.8%
インド	5,278	5,833	10.5%	0	2	20.6倍	0.0%	0.0%
インドネシア	4,492	3,883	△13.6%	17	16	△4.6%	0.4%	0.4%
日　本	18,866	18,394	△2.5%	3,188	2,365	△25.8%	16.9%	12.9%
カザフスタン	140	159	13.9%	0	0	－	0.0%	0.0%
キルギスタン	9	9	△1.7%	0	0	－	0.4%	3.0%
ラオス	368	910	147.5%	15	17	10.7%	4.1%	1.8%
マカオ	20	22	11.0%	20	22	11.0%	100.0%	100.0%
マレーシア	1,278	1,285	0.6%	12	0	－	0.9%	0.0%
ミャンマー	146	88	△39.6%	15	4	△75.1%	10.4%	4.3%
ネパール	1	1	△56.1%	1	1	△56.1%	100.0%	100.0%
北朝鮮	22	24	11.3%	0	3	－	0.0%	12.1%
パキスタン	374	463	23.8%	1	1	58.3%	0.2%	0.2%
フィリピン	895	866	△3.3%	56	81	44.6%	6.3%	9.4%
シンガポール	379	381	0.5%	433	437	1.0%	114.2%	114.8%
韓　国	8,704	9,241	6.2%	414	444	7.4%	4.8%	4.8%
スリランカ	263	282	6.9%	103	125	22.2%	38.9%	44.5%
台　湾	3,085	3,045	△1.3%	110	174	58.1%	3.6%	5.7%
タ　イ	2,986	2,891	△3.2%	139	60	△57.1%	4.7%	2.1%
ウズベキスタン	22	25	13.7%	0	0	－	0.0%	0.0%
ヴェトナム	1,722	927	△46.2%	3	0	△86.0%	0.2%	0.0%
アジア（25ヵ国/30ヵ国）計	109,833	116,083	5.7%	5,024	4,444	△11.5%	4.6%	3.8%
バーレーン	73	86	16.9%	45	58	29.1%	61.3%	67.7%
イラン	478	492	3.0%	0	0	－	0.0%	0.0%
イラク	86	259	201.6%	86	259	201.6%	100.0%	100.0%
イスラエル	493	507	2.7%	74	92	24.2%	15.1%	18.3%
ヨルダン	180	225	24.9%	62	114	84.5%	34.4%	50.8%
クウェート	168	206	22.9%	77	116	50.6%	45.9%	56.2%
レバノン	60	53	△10.8%	1	1	△46.9%	1.8%	1.1%
オマーン	9	81	832.6%	7	5	△17.7%	75.2%	6.6%
カタール	8	8	△0.3%	8	9	5.3%	100.0%	105.7%
サウジアラビア	1,280	1,262	△1.4%	117	88	△25.1%	9.1%	7.0%
シリア	26	33	29.9%	0	4	－	0.0%	12.8%
UAE	755	747	△1.1%	317	324	2.2%	42.0%	43.4%
中東（12ヵ国/13ヵ国）計	3,616	3,960	9.5%	795	1,071	34.7%	22.0%	27.0%
オーストラリア	2,568	2,607	1.5%	999	1,052	5.2%	38.9%	40.3%
フィジー	2	2	△4.6%	1	1	△7.6%	59.1%	57.2%
仏領ポリネシア	4	4	2.1%	4	4	1.9%	100.2%	100.0%
ニューカレドニア	2	2	18.5%	2	2	18.5%	100.0%	100.0%
ニュージーランド	534	547	2.5%	268	293	9.2%	50.2%	53.5%
オセアニア（5ヵ国/8ヵ国）計	3,110	3,163	1.7%	1,275	1,352	6.0%	41.0%	42.7%
カナダ	3,552	3,673	3.4%	1,498	1,727	15.3%	42.2%	47.0%
米　国	43,127	45,868	6.4%	14,477	16,291	12.5%	33.6%	35.5%
北　米（2ヵ国/2ヵ国）計	46,679	49,540	6.1%	15,975	18,018	12.8%	34.2%	36.4%

〈単位：1,000t〉								人口（千人）	1人当たり古紙消費量（21年）
輸入（i）			利用（r-e+i）=（u）			輸入比率（i÷u）			
2020年	2021年	21/20	2020年	2021年	21/20	2020年	2021年	2021年（p）	<kg>（u÷p）
32	29	△11.6%	693	729	5.2%	4.7%	3.9%	164,099	4.44
0	0	−	0	0	−	−	−	471	0.00
0	0	−	36	37	3.0%	0.0%	0.0%	17,304	2.13
6,893	538	△92.2%	70,009	71,093	1.5%	9.8%	0.8%	1,397,898	50.86
19	5	△72.8%	0	△0	−	−	−	7,263	0.00
5,994	7,027	17.2%	10,987	12,034	9.5%	54.6%	58.4%	1,339,331	8.98
3,000	3,444	14.8%	7,297	6,940	△4.9%	41.1%	49.6%	275,122	25.23
30	16	△46.7%	15,708	16,045	2.1%	0.2%	0.1%	124,687	128.68
0	2	−	140	162	15.6%	0.0%	1.5%	19,246	8.41
1	1	86.4%	10	10	2.9%	7.9%	14.3%	6,019	1.67
36	50	38.6%	10	898	86.3倍	346.9%	5.6%	7,574	118.51
0	0	−	0	0	−	−	−	630	0.00
1,074	1,791	66.7%	1,786	2,405	34.7%	60.2%	74.5%	33,519	71.74
95	0	△99.7%	130	85	△34.8%	73.2%	0.3%	57,069	1.48
0	0	−	0	0	−	−	−	30,425	0.00
1	1	0.0%	23	22	△2.0%	4.4%	4.5%	25,831	0.85
281	236	△16.0%	654	698	6.7%	42.9%	33.8%	238,181	2.93
48	81	66.8%	848	854	0.7%	5.7%	9.5%	110,818	7.71
54	56	4.7%	0	0	−	−	−	5,866	0.00
1,150	1,188	3.3%	9,215	9,940	7.9%	12.5%	12.0%	51,715	192.20
1	2	3.5倍	161	158	△1.9%	0.4%	1.3%	23,044	6.87
1,374	1,551	12.9%	3,628	3,860	6.4%	37.9%	40.2%	23,572	163.77
1,606	2,805	74.7%	4,277	4,324	1.1%	37.5%	64.9%	69,481	62.23
30	30	0.0%	52	55	5.8%	57.3%	54.1%	30,843	1.77
3,381	4,074	20.5%	4,903	4,842	△1.2%	69.0%	84.1%	102,790	47.11
25,100	22,928	△8.7%	130,569	135,190	3.5%	19.2%	17.0%	4,218,893	32.04
0	0	−	28	28	△2.5%	0.0%	0.0%	1,527	18.11
3	24	840.5%	481	517	7.5%	0.5%	4.7%	85,889	6.02
0	0	−	0	0	−	−	−	39,650	0.00
6	18	219.0%	424	432	1.8%	1.3%	4.1%	8,787	49.13
0	0	−	118	111	△6.3%	0.0%	0.0%	10,910	10.16
0	0	−	91	90	△0.6%	0.0%	0.0%	3,032	29.80
5	12	2.5倍	63	65	2.3%	7.7%	18.9%	5,261	12.34
0	1	12.0倍	2	77	34.2倍	−	−	3,695	20.84
0	0	784.4倍	0	0	△56.4%	−	−	2,480	0.00
52	23	△55.5%	1,215	1,197	△1.5%	4.3%	1.9%	34,784	34.42
1	0	△60.0%	27	29	10.4%	3.9%	1.4%	20,384	1.44
36	62	73.9%	474	485	2.4%	7.5%	12.8%	9,857	49.21
102	142	38.8%	2,924	3,031	3.7%	3.5%	4.7%	256,655	11.81
1	6	379.6%	1,570	1,561	△0.6%	0.1%	0.4%	25,810	60.49
0	0	−	1	1	0.0%	0.0%	0.2%	940	1.06
0	0	△100.0%	△0	0	−	−	−	297	0.00
0	0	−	0	0	−	−	−	294	0.00
4	0	△97.1%	270	255	△5.5%	1.3%	0.0%	4,991	51.04
5	6	21.7%	1,840	1,817	△1.3%	0.3%	0.3%	41,405	43.88
845	939	11.1%	2,900	2,885	△0.5%	29.2%	32.5%	37,943	76.02
612	878	43.5%	28,477	29,581	3.9%	2.1%	3.0%	334,998	88.30
1,457	1,817	24.7%	31,377	32,466	3.5%	4.6%	5.6%	372,942	87.05

付表1．世界の国・地域別古紙需給（2020 〜 21 年）③

国・地域	古紙							
	回収（r）			輸出（e）			輸出比率（e÷r）	
	2019年	2020年	20/19	2019年	2020年	20/19	2019年	2020年
アルゼンチン	1,135	1,309	15.4%	0	0	−	0.0%	0.0%
バルバドス	2	2	△12.8%	2	2	△10.7%	100.0%	102.4%
ボリヴィア	23	26	17.4%	0	0	△79.8%	0.5%	0.1%
ブラジル	4,571	4,590	0.4%	17	22	24.9%	0.4%	0.5%
チ　リ	579	632	9.1%	32	25	△21.0%	5.4%	3.9%
コロンビア	707	757	7.1%	0	3	579.4%	0.1%	0.4%
コスタリカ	59	58	△1.4%	55	58	6.3%	92.7%	100.0%
キューバ	31	31	1.2%	0	0	61.5%	0.8%	1.3%
ドミニカ共和国	84	96	14.7%	74	88	19.3%	88.2%	91.7%
エクアドル	225	249	10.8%	2	3	88.9%	0.7%	1.2%
エルサルヴァドル	116	136	17.3%	41	45	10.9%	35.0%	33.1%
グアドループ	3	3	2.3%	3	3	2.3%	100.0%	100.0%
グアテマラ	111	147	32.6%	94	126	34.7%	84.7%	86.0%
ガイアナ	1	0	△2.7%	1	0	△2.7%	100.0%	100.0%
ホンデュラス	44	34	△23.9%	45	34	△22.5%	100.2%	102.0%
ジャマイカ	0	1	−	0	1	−	−	100.0%
マルチニーク	3	3	△7.4%	3	3	△7.4%	100.0%	100.0%
メキシコ	4,380	4,762	8.7%	32	26	△18.4%	0.7%	0.5%
蘭領アンティル	1	0	△59.6%	1	0	△59.6%	100.0%	100.0%
ニカラグア	18	18	0.0%	18	18	0.0%	100.7%	100.7%
パナマ	52	53	0.0%	11	19	72.8%	20.9%	36.2%
パラグアイ	99	94	△5.0%	1	12	718.1%	1.5%	12.7%
ペルー	259	285	10.1%	3	8	154.4%	1.2%	2.7%
プエルトリコ	43	56	29.5%	43	56	29.5%	100.0%	100.0%
トリニダード・トバゴ	31	27	△13.2%	5	7	40.9%	16.4%	26.7%
ウルグアイ	72	72	△0.1%	19	14	△23.9%	26.2%	19.9%
ヴェネズエラ	131	146	11.3%	0	0	−	0.1%	0.0%
中南米（27 ヵ国 /33 ヵ国）計	12,785	13,594	6.3%	506	582	14.9%	4.0%	4.3%
アルジェリア	193	220	13.9%	45	75	68.0%	23.2%	34.3%
アンゴラ	0	1	155.2%	0	1	155.9%	100.2%	100.5%
ベニン	0	0	△14.1%	0	0	△14.1%	100.0%	100.0%
ボツワナ	7	9	26.7%	7	9	26.7%	100.0%	100.0%
コート・ジヴォワール	3	1	△61.9%	3	1	△61.9%	100.0%	100.0%
エジプト	1,301	1,436	10.3%	0	0	−	0.0%	0.0%
エチオピア	10	9	△9.4%	0	0	−	0.0%	0.0%
ガーナ	0	2	−	0	2	−	−	100.0%
ケニア	102	130	26.8%	3	7	145.9%	2.8%	5.5%
レソト	3	3	27.7%	3	3	28.0%	100.2%	100.5%
リビア	8	14	64.3%	8	14	64.3%	100.0%	100.0%
マダガスカル	8	7	△19.7%	4	2	△45.5%	45.4%	30.8%
モーリシャス	6	7	22.0%	6	7	22.0%	100.0%	100.0%
モロッコ	217	234	7.8%	21	40	94.9%	9.5%	17.2%
モザンビーク	6	10	60.1%	6	10	60.1%	100.0%	100.0%
ナミビア	11	13	15.6%	11	13	15.6%	100.0%	100.0%
ナイジェリア	45	46	2.3%	0	0	−	−	−
南アフリカ	1,244	1,403	12.7%	99	144	45.8%	8.0%	10.3%
スワジランド	6	6	△1.0%	6	6	△1.0%	100.0%	100.0%
タンザニア	4	4	4.9%	3	4	33.7%	70.0%	89.2%
トーゴ	0	1	187.5%	0	1	187.5%	100.0%	100.0%
チュニジア	136	135	△1.2%	3	5	93.4%	1.8%	3.6%
ウガンダ	2	3	18.5%	0	0	−	−	−
ザンビア	10	10	△0.7%	0	1	−	3.4%	5.2%
ジンバブエ	15	19	26.8%	9	13	47.3%	58.6%	68.2%
アフリカ（25 ヵ国 /47 ヵ国）計	3,340	3,722	11.4%	237	360	51.7%	7.1%	9.7%
世界合計（136 ヵ国 /175 ヵ国）	243,815	256,886	5.4%	45,298	47,665	5.2%	18.6%	18.6%

注1）古紙の回収、輸出、輸入、消費のいずれかについて21年または20年に500t以上の実績のあった国のみを抽出。
注2）各地域と世界合計欄の国数は、それぞれ［本表掲載対象の国数／本統計が対象としたすべての国数］。

| 輸入 (i) | | | 利用 (r−e＋i)＝(u) | | | 輸入比率 (i÷u) | | 人　口（千人） | 1人当たり古紙消費量 (20年) |
| | | | 〈単位：1,000t〉 | | | | | | |
2019年	2020年	20/19	2019年	2020年	20/19	2019年	2020年	2020年 (p)	<kg>（u÷p）
74	35	△52.7%	1,209	1,344	11.2%	6.1%	2.6%	45,865	29.31
0	0	−	0	△0	−	−	−	302	0.00
11	17	53.5%	33	43	29.5%	32.7%	38.8%	11,759	3.67
24	189	676.5%	4,578	4,757	3.9%	0.5%	4.0%	213,445	22.29
74	60	△18.0%	622	668	7.4%	11.9%	9.0%	18,308	36.47
125	141	13.0%	831	896	7.7%	15.0%	15.7%	50,356	17.79
3	7	150.3%	7	7	0.0%	39.8%	99.7%	5,151	1.40
2	2	△21.3%	33	33	△0.9%	7.5%	5.9%	11,032	2.96
5	8	60.8%	15	16	6.8%	32.7%	49.2%	10,597	1.48
32	28	△12.0%	255	274	7.5%	12.5%	10.2%	17,093	16.01
73	69	△5.1%	149	160	8.0%	49.3%	43.3%	6,528	24.57
0	0	−	0	0	−	#DIV/0!	#DIV/0!	401	0.00
70	72	2.3%	87	92	5.8%	80.5%	77.8%	17,423	5.31
0	0	−	0	0	−	−	−	788	0.00
0	1	602.5%	0	△0	−	−	−	9,346	0.00
0	1	−	0	1	−	−	−	2,809	0.36
0	0	−	0	0	−	−	−	375	0.00
1,517	1,819	19.9%	5,866	6,555	11.8%	25.9%	27.7%	130,207	50.34
0	0	−	0	0	−	−	−	317	0.00
0	0	−	△0	△0	−	−	−	6,244	0.00
5	14	191.4%	46	48	2.8%	10.5%	29.7%	3,929	12.13
14	31	122.3%	111	112	1.4%	12.5%	27.3%	7,273	15.45
60	65	7.1%	316	342	8.2%	19.1%	18.9%	32,201	10.61
0	0	−	0	0	−	−	−	3,143	0.00
3	8	154.6%	29	28	△5.1%	10.5%	28.1%	1,221	22.73
3	4	48.9%	56	62	10.5%	5.1%	6.8%	3,398	18.30
1	0	△71.8%	132	146	10.5%	0.9%	0.2%	29,069	5.02
2,097	2,570	22.6%	14,375	15,583	8.4%	14.6%	16.5%	652,010	23.90
0	0	△29.2%	148	144	△2.5%	0.1%	0.0%	43,577	3.31
0	0	−	△0	0	−	−	−	33,643	0.00
0	0	−	0	0	−	−	−	13,302	0.00
0	0	−	△0	△0	−	−	−	2,351	0.00
0	0	−	△0	0	−	−	−	28,088	0.00
9	52	490.9%	1,310	1,488	13.6%	0.7%	3.5%	106,437	13.98
0	1	33.9倍	10	10	△0.6%	0.3%	9.1%	110,871	0.09
0	0	−	0	0	−	−	−	32,373	0.00
1	2	80.6%	101	125	24.2%	1.4%	2.0%	54,685	2.29
0	0	183.1%	0	△0	−	−	−	2,178	0.00
0	0	−	0	0	−	−	−	7,017	0.00
0	0	△25.7%	5	5	0.0%	6.4%	4.7%	27,534	0.18
0	0	−	0	0	−	−	−	1,386	0.00
1	0	△62.5%	198	194	△1.7%	0.6%	0.2%	36,562	5.31
0	0	−	△0	0	−	−	−	30,888	0.00
0	0	−	△0	△0	−	−	−	2,678	0.00
1	1	36.9%	46	47	2.9%	1.9%	2.5%	219,464	0.21
41	54	31.5%	1,186	1,312	10.6%	3.5%	4.1%	56,979	23.03
0	0	−	0	0	−	−	−	1,113	0.00
2	2	42.6%	3	3	0.0%	59.4%	84.7%	62,093	0.05
0	0	−	0	0	−	−	−	8,283	0.00
6	4	△19.5%	139	134	△3.6%	4.0%	3.3%	11,811	11.36
1	1	0.0%	3	3	0.0%	29.3%	29.3%	44,712	0.08
1	1	21.8%	11	11	0.0%	10.4%	12.7%	19,078	0.56
1	1	22.3%	7	7	0.0%	9.8%	11.9%	14,830	0.46
64	122	91.1%	3,166	3,483	10.0%	2.0%	3.5%	1,366,621	2.55
45,510	45,794	0.6%	243,901	254,765	4.5%	18.7%	18.0%	7,771,768	32.78

注3) 各地域および世界合計の1人当たり古紙消費量は古紙の需給実績がない国も含めて算出。

付表2. 世界各国の古紙回収率・利用率試算（2020～21年）①

国・地域	古紙回収率		古紙利用率		
	20年	21年	20年	21年	21-20
アルバニア	29.1%	25.5%	90.9%	89.8%	-1.1
アルメニア	36.1%	38.8%	100.0%	100.0%	−
オーストリア	68.7%	52.1%	58.7%	57.8%	-0.9
アゼルバイジャン	7.8%	7.3%	100.0%	100.0%	0.0
ベラルーシュ	72.7%	68.5%	74.4%	67.2%	-7.2
ベルギー	51.2%	46.5%	67.8%	64.8%	-3.1
ボスニア・ヘルツェゴビナ	75.3%	72.3%	39.2%	38.2%	-1.0
ブルガリア	70.0%	53.8%	62.1%	58.5%	-3.6
クロアチア	54.1%	52.4%	100.0%	100.0%	−
キプロス	68.0%	73.6%	0.0%	0.0%	−
チェコ	54.4%	50.0%	24.6%	22.5%	-2.0
デンマーク	61.0%	64.3%	63.4%	68.1%	+4.7
エストニア	42.2%	31.3%	5.8%	6.8%	+1.0
フィンランド	62.9%	54.1%	7.9%	6.4%	-1.5
フランス	77.6%	79.0%	65.6%	65.8%	+0.2
ジョージア	17.4%	21.4%	83.7%	100.0%	+16.3
ドイツ	79.9%	76.6%	78.3%	78.7%	+0.4
ギリシャ	63.6%	64.3%	69.3%	75.0%	+5.7
ハンガリー	62.3%	59.9%	84.6%	87.1%	+2.4
アイスランド	111.7%	119.8%	−	−	−
アイルランド	97.1%	108.2%	0.0%	0.0%	−
イタリア	69.7%	66.8%	62.4%	65.7%	+3.3
ラトヴィア	41.6%	41.7%	−	0.0%	−
リトアニア	47.9%	45.4%	82.4%	83.0%	+0.5
マケドニア	63.8%	46.6%	100.0%	100.0%	−
マルタ	57.3%	71.3%	−	−	−
モルドヴァ	60.1%	68.4%	−	−	−
オランダ	89.4%	70.7%	81.9%	79.0%	-2.9
ノルウェー	119.8%	108.0%	25.6%	23.8%	-1.8
ポーランド	46.9%	44.5%	52.2%	52.0%	-0.2
ポルトガル	77.5%	69.2%	24.1%	22.6%	-1.6
ルーマニア	55.5%	56.6%	82.3%	82.9%	+0.7
ロシア	57.6%	59.9%	38.9%	42.0%	+3.1
セルビア・モンテネグロ	48.0%	46.1%	78.6%	79.4%	+0.8
スロヴァキア	73.5%	82.7%	16.0%	23.0%	+7.0
スロヴェニア	43.6%	43.7%	57.8%	44.0%	-13.9
スペイン	68.9%	65.8%	74.4%	74.5%	+0.1
スウェーデン	82.7%	92.1%	10.0%	9.9%	-0.1
スイス	124.2%	124.0%	84.1%	81.0%	-3.1
トルコ	42.5%	49.0%	77.5%	77.6%	+0.2
ウクライナ	54.9%	51.8%	93.5%	92.6%	-0.9
英　国	90.8%	94.8%	75.7%	74.8%	-0.9
欧　州（42ヵ国）平均	69.2%	67.4%	56.7%	57.3%	+0.6

付表2. 世界各国の古紙回収率・利用率試算（2020〜21年）②

国・地域	古紙回収率		古紙利用率		
	20年	21年	20年	21年	21-20
バングラデシュ	42.6%	43.2%	65.4%	68.6%	+3.2
ブルネイ	46.2%	47.7%	−	−	−
カンボジア	24.3%	31.8%	100.0%	100.0%	0.0
中　国	51.5%	54.4%	61.1%	61.0%	-0.1
香　港	79.1%	113.8%	−	−	−
インド	34.2%	36.9%	69.4%	69.2%	-0.2
インドネシア	59.7%	49.0%	58.0%	56.8%	-1.2
日　本	84.2%	79.4%	65.6%	64.8%	-0.8
カザフスタン	44.6%	48.3%	97.2%	98.2%	+1.0
キルギスタン	19.1%	17.3%	100.0%	100.0%	+0.0
ラオス	417.0%	1387.2%	100.0%	100.0%	−
マカオ	79.7%	82.0%	−	−	−
マレーシア	42.6%	42.7%	92.1%	92.8%	+0.7
ミャンマー	30.7%	32.8%	97.7%	97.7%	-0.0
ネパール	1.7%	0.6%	0.0%	0.0%	+0.0
北朝鮮	25.6%	29.9%	28.7%	28.6%	-0.0
パキスタン	28.0%	34.1%	65.2%	68.2%	+3.1
フィリピン	42.2%	41.2%	89.3%	88.1%	-1.1
シンガポール	77.6%	77.8%	0.0%	0.0%	−
韓　国	87.1%	87.3%	78.8%	80.2%	+1.4
スリランカ	44.9%	46.8%	97.0%	95.2%	-1.8
台　湾	75.4%	70.3%	79.5%	82.3%	+2.8
タ　イ	63.3%	58.4%	76.1%	73.3%	-2.9
ウズベキスタン	8.9%	9.0%	60.7%	54.5%	-6.3
ヴェトナム	32.3%	16.9%	90.2%	89.5%	-0.7
アジア（30ヵ国）平均	55.8%	56.7%	65.3%	65.5%	+0.1
バーレーン	79.2%	95.7%	82.5%	79.8%	-2.7
イラン	41.0%	42.3%	49.6%	51.3%	+1.7
イラク	42.7%	118.3%	0.0%	0.0%	−
イスラエル	50.7%	52.4%	73.6%	72.7%	-0.9
ヨルダン	54.6%	74.5%	58.8%	62.3%	+3.6
クウェート	60.2%	73.7%	81.2%	86.6%	+5.3
レバノン	23.0%	23.7%	56.4%	74.7%	+18.3
オマーン	5.1%	39.9%	−	100.0%	−
カタール	4.7%	4.8%	100.0%	100.0%	0.0
サウジアラビア	60.5%	61.3%	87.9%	88.0%	+0.2
シリア	17.3%	26.9%	57.1%	69.3%	+12.2
UAE	46.8%	43.5%	42.9%	49.4%	+6.6
中東（13ヵ国）平均	47.5%	52.1%	64.3%	67.8%	+3.5
オーストラリア	85.3%	84.4%	50.0%	51.9%	+1.9
フィジー	7.0%	5.9%	100.0%	100.0%	0.0
仏領ポリネシア	61.8%	54.9%	−	−	−
ニューカレドニア	20.9%	21.4%	−	−	−
ニュージーランド	71.3%	70.2%	36.2%	35.7%	-0.6
オセアニア（8ヵ国）平均	80.7%	79.6%	47.4%	48.8%	+1.4
カナダ	67.1%	67.2%	31.0%	29.8%	-1.2
米　国	65.3%	67.2%	40.3%	41.3%	+1.0
北　米（2ヵ国）平均	65.4%	67.2%	39.2%	39.9%	+0.7

国・地域	古紙回収率		古紙利用率		
	20年	21年	20年	21年	21-20
アルゼンチン	56.3%	63.2%	59.4%	63.7%	+4.2
バルバドス	20.0%	16.7%	–	100.0%	–
ボリヴィア	17.4%	18.8%	44.2%	51.3%	+7.0
ブラジル	49.5%	47.2%	44.7%	40.7%	-3.9
チ リ	47.3%	44.5%	46.7%	49.4%	+2.7
コロンビア	44.3%	44.2%	59.8%	62.1%	+2.3
コスタリカ	13.0%	12.2%	35.6%	34.0%	-1.7
キューバ	43.5%	44.8%	57.9%	56.7%	-1.2
ドミニカ共和国	28.3%	28.0%	55.1%	48.0%	-7.0
エクアドル	24.5%	28.0%	83.0%	92.2%	+9.2
エルサルヴァドル	50.7%	50.6%	68.6%	73.1%	+4.5
グアドループ	25.5%	28.4%	–	–	–
グァテマラ	17.0%	21.5%	85.3%	90.2%	+4.9
ガイアナ	2.9%	3.2%	–	–	–
ホンデュラス	16.5%	10.9%	–	–	–
ジャマイカ	0.0%	1.8%	–	–	–
マルチニーク	44.8%	45.4%	–	–	–
メキシコ	52.7%	51.4%	84.6%	87.6%	+3.0
蘭領アンティル	13.5%	4.7%	–	–	–
ニカラグア	29.3%	24.6%	–	–	–
パナマ	45.4%	40.8%	100.0%	97.9%	-2.1
パラグアイ	62.4%	60.9%	97.4%	97.4%	0.0
ペルー	27.1%	28.3%	58.7%	67.8%	+9.1
プエルトリコ	284.2%	375.3%	–	–	–
トリニダード・トバゴ	43.2%	45.6%	53.9%	60.7%	6.7
ウルグアイ	48.0%	46.8%	64.5%	67.5%	+3.0
ヴェネズエラ	57.6%	59.0%	68.4%	69.9%	+1.4
中南米（33ヵ国）平均	46.8%	46.2%	60.4%	60.2%	-0.3
アルジェリア	58.7%	55.0%	23.8%	26.0%	+2.2
アンゴラ	0.0%	0.0%	0.8%	1.3%	0.6
ベニン	–	–	0.6%	0.5%	-0.0
ボツワナ	–	–	20.3%	24.8%	+4.5
コート・ジヴォワール	0.0%	0.0%	2.0%	0.7%	-1.3
エジプト	74.4%	79.6%	47.3%	51.6%	+4.4
エチオピア	39.1%	37.4%	12.0%	11.3%	-0.6
ガーナ	0.0%	0.0%	0.0%	1.0%	1.0
ケニア	92.6%	91.9%	26.2%	29.3%	+3.1
レソト	–	–	51.0%	54.1%	+3.2
リビア	0.0%	0.0%	31.6%	44.4%	+12.8
マダガスカル	100.0%	100.0%	19.0%	14.3%	-4.7
モーリシャス	–	–	13.8%	14.4%	+0.7
モロッコ	81.1%	79.5%	29.1%	28.8%	-0.3
モザンビーク	0.0%	0.0%	22.5%	29.1%	6.7
ナミビア	–	–	45.0%	37.1%	-7.9
ナイジェリア	46.7%	40.8%	9.8%	7.4%	-2.4
南アフリカ	52.7%	53.1%	62.1%	59.3%	-2.7
スワジランド	–	–	27.4%	31.0%	+3.6
タンザニア	7.9%	5.8%	2.9%	2.6%	-0.2
トーゴ	–	–	1.3%	4.4%	+3.0
チュニジア	62.9%	54.9%	31.7%	34.2%	+2.5
ウガンダ	100.0%	100.0%	3.2%	3.6%	+0.4
ザンビア	63.9%	57.0%	16.2%	14.0%	-2.2
ジンバブエ	57.8%	53.3%	19.7%	22.1%	2.4
アフリカ（47ヵ国）平均	62.2%	63.0%	36.5%	37.7%	+1.1
世界合計（175ヵ国）平均	57.7%	58.2%	59.6%	59.9%	+0.4

注1）古紙回収率＝［古紙回収量÷紙・板紙消費量］　　古紙利用率＝［古紙消費量÷繊維原料消費量］
注2）各地域および世界合計の回収率・利用率は回収・利用の実績がない国を含めて算出。
注3）国の抽出基準＝20年か21年に回収量・利用量のどちらか、または双方で500t以上の実績があり、
　　　回収率・利用率の算出が可能な国

第VI章
データで見る紙パの環境対応

原料調達：推進される間伐材と認証材の利用

日本製紙連合会は2022年12月、「製紙業界の原料調達動向（2021年）」を公表した。今回の資料は原材料調達にあたっての国内材有効利用状況や森林認証材利用状況など違法伐採に係るデータを加え、改めてとりまとめた内容となっている。詳細は以下の通り。

〔製紙業界の原料調達の現状〕

21年におけるわが国の紙・板紙合計生産量は2,394万t、製紙原料消費量は2,446tであった。

原料構成比は、古紙（古紙パルプを含む）1,614万t・66.0％、パルプ829万t・33.9％、その他繊維素3万t・0.1％となっている。パルプのうち国産パルプは690万t・28.2％で、その内訳は植林木チップ由来のパルプ486万t・19.9％、製材残材チップ由来のパルプ149万t・6.1％、天然木チップ由来のパルプ54万t・2.2％となっている。輸入パルプは139万t・5.7％。

（1）古　紙

古紙の消費は前年比4.5％増の1,604万tで、4年ぶりのプラスとなった。古紙利用率は紙・板紙合計で66.0％となり、20年に比べ低下したが高い水準を維持。要因については、コロナ禍において古紙利用率の高い板紙の生産比率が相対的に上昇したことが挙げられる。古紙利用率の内訳は、板紙分野が94.2％から93.8％へ0.4pt下降したが、紙分野はそれを上回る下降となっている（37.4％から34.7％へ2.7pt下降）。

日本製紙連合会では、ごみの減量化や森林資源保全の観点から古紙利用率を2025年度までに65％にするという目標を定め、古紙利用の拡大に努めている。古紙はリサイクルを図る

うえで環境にやさしい原料であるため、林野庁のガイドラインでは合法証明は必要とされていない。

古紙の輸出については、前年比25.8％減の237万tとなった。中国政府が廃棄物輸入規制を実行したことから、中国向け輸出が基本的にゼロとなったため、その減少分をアジアに向けて輸出したものの完全に補うまでに至らなかった結果、21年の古紙回収量1,846万tに対する輸出量の比率は12.8％となり、20年より4.1pt下降した。

（2）パルプ材（国産パルプの原料）

パルプ材の消費は、前年比8.3％増の1,451万tで、針葉樹457万t、広葉樹が994万tとなっている。

針葉樹の輸入先は、米国、豪州、ニュージーランドなど違法伐採のリスクが低い先進国を中心に5ヵ国となっているが、米国、豪州の2ヵ国

で81％（日本を除く輸入量計をベースとする）を占めている。

広葉樹の輸入先はベトナム、豪州、チリ、南アフリカ、タイ、インドネシア、ブラジルなど9ヵ国で、ベトナム、豪州、チリ、南アフリカの4ヵ国で83％（日本を除く輸入量をベースとする）を占めているが、そのほとんどが違法伐採の可能性が低い植林木である。

針葉樹の材種は、国産・輸入ともに製材残材が主体で、その他は製材に利用されない間伐材、病虫害材、解体材などの未利用材が多くなっている。なお、製材残材や未利用材は、未利用資源の有効活用を図る観点で環境にやさしい原料であるため、林野庁のガイドラインでは合法証明は必要とされていない。

広葉樹の材種は、国産広葉樹では旧薪炭林等からの低質材が97％

表1．古紙利用率（製紙原料に占める古紙の比率）　　　　　　　　（単位：％）

	2005年	2010年	2015年	2016年	2017年	2018年	2019年	2020年	2021年
紙	37.5	40.5	40.2	39.2	37.9	37.3	36.6	37.4	34.7
板　紙	92.6	92.8	93.5	93.8	93.8	93.4	93.5	94.2	93.8
平　均	60.3	62.5	64.3	64.2	64.1	64.3	64.3	67.2	66.0

（資料：経済産業省「紙・パルプ統計」）

図1．繊維原料消費割合（2021年）

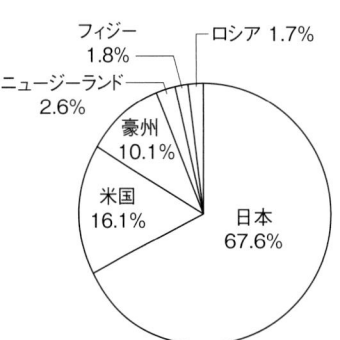

図2．針葉樹の調達先（2021年）

注）天然木チップ由来のパルプ2.2％のうち、2.0％は、里山で生産された国産の天然林低質材パルプ、0.2％は、森林認証を受けた輸入の天然林低質材パルプである。

（資料：日本製紙連合会資料、経済産業省統計、財務省「通関統計」）

注）グラフには国産（日本産）パルプ材が含まれている。したがって比率は国産パルプ材を含めた数値（図3も同様）。

（資料：日本製紙連合会）

を占め、輸入広葉樹では木材チップ用に造成されたユーカリ、アカシア等違法伐採の可能性が低い植林木が99％を占めている。

（3）輸入パルプ

21年における製紙用輸入パルプは前年比4.4％減の139万tとなり、2年連続のマイナス。リーマン・ショックの影響で急減した09年以降の自社製パルプ優先使用などにより低レベルで推移していることに加え、コロナ禍の影響が継続し、減少が続いている。

輸入先は米国、ブラジル、カナダ、チリなど25ヵ国に及ぶが、米国、ブラジル、カナダ、チリ、ロシア、ニュージーランド、インドネシア、フィンランド、スウェーデンの9ヵ国で97％を占め、ブラジルやニュージーランドからの輸入は開発輸入が主体である。近年、ほとんどのパルプが森林認証材あるいは認証され

た管理木材（CW：ControlledWood）のパルプとなっている。

〔間伐材利用の推進〕

間伐材利用の推進は森林資源の健全な整備に寄与するのみならず、わが国の京都議定書第一約束期間における森林吸収源3.8％の確保を通じて地球温暖化の防止にも大きく貢献してきた。21年10月に閣議決定した「地球温暖化対策計画」においても、30年度における森林吸収源目標3,800万CO2-tを掲げており、引き続き間伐材利用の推進に取り組む必要がある。

なお、違法伐採対策に係る林野庁のガイドラインでは、間伐材をは

じめとする未利用材については合法証明を必要としないとされている。わが国の製紙各社は、従来から未利用資源有効活用の観点から間伐材を積極的に利用してきたが、日本製紙連合会は12年4月に「環境行動計画」を策定し、国内の森林整備の促進、地球温暖化の防止、資源の有効利用の推進のために間伐材の利用量増大に積極的に取り組むという業界の姿勢を改めて明らかにした。

さらに、09年、10年のグリーン購入法の判断基準改正により、コピー用紙および印刷用紙において間伐材パルプが評価されることになったが、その際には間伐材利用に係る

図4. 国産針葉樹（2021年）

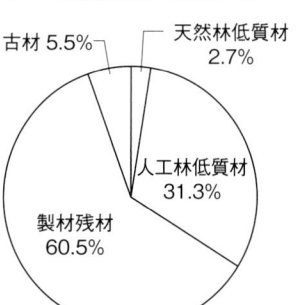

（資料：日本製紙連合会）

図5. 輸入針葉樹（2021年）

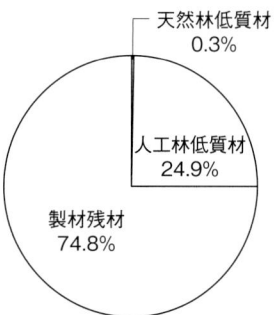

（資料：日本製紙連合会）

図3. 広葉樹の調達先（2021年）

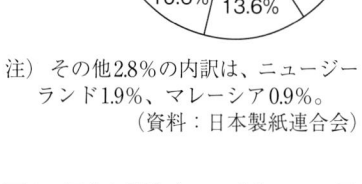

注）その他2.8％の内訳は、ニュージーランド1.9％、マレーシア0.9％。
（資料：日本製紙連合会）

図6. 国産広葉樹（2021年）

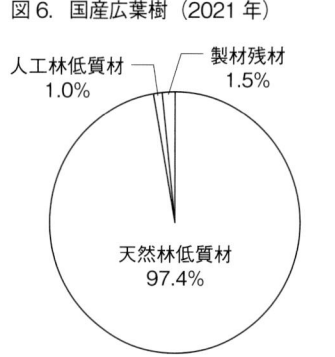

（資料：日本製紙連合会）

図7. 輸入広葉樹（2021年）

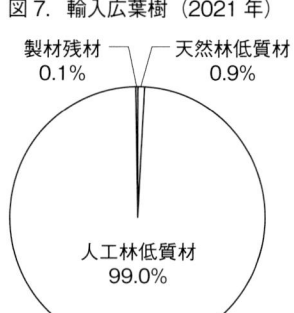

（資料：日本製紙連合会）

図8. 製紙用パルプ輸入国のシェア（2021年）

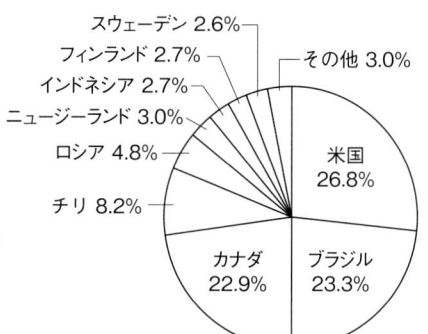

注）その他3.0％の内訳は、韓国1.1％、中国0.8％、ドイツ0.3％、フィリピン0.3％、スペイン0.2％、タイ0.1％、フランス0.1％、ミャンマー0.1％、以下、ウルグアイ、ノルウェー、ポーランド、オーストリア、ポルトガル、マレーシア、台湾、豪州の8ヵ国で0.1％。
（資料：財務省通関統計）

林野庁のガイドラインに基づいて間伐証明書を添付する必要がある。このため、引き続きグリーン購入法適合製品において間伐材利用を促進するためには証明書付間伐材の供給を増加させなければならないが、現時点でその供給量はきわめて限られている。

〔植林事業の推進〕

適切な森林経営が行われている自社植林地から調達された植林木チップは、違法伐採が行われていない環境に配慮された原料である。このため、その調達の拡大を目指して、わが国の製紙各社は植林木伐採跡地のほか、牧草地、荒廃地等の無立木地において海外植林を推進しており、21年末時点の海外植林事業は南米、オセアニア、アジア、アフリカの9ヵ国で22プロジェクト（事業清算中のプロジェクトを含む）・36.9万haとなっている。また、これにより国内外で所有または管理する植林面積は、国内社有林の14.1万haを含めて51.0万haとなった。

〔森林認証の推進〕

持続可能な森林資源の育成とその木材利用の推進を図る森林認証を取得した木材チップやパルプは、違法伐採が行われていない環境に配慮された原料である。こ

のため、わが国製紙各社は所有または管理する自社林についてFM（Forest Management）認証を積極的に取得するとともに、製品の製造・流通についてもCoC（Chain of Custody）認証を数多く取得している。国内の自社林については、16年に国際的な森林認証制度PEFC（Programme for the Endorsement of Forest Certification Scheme）

図9. 製紙会社の海外植林地の植林前の土地状況（2021年）

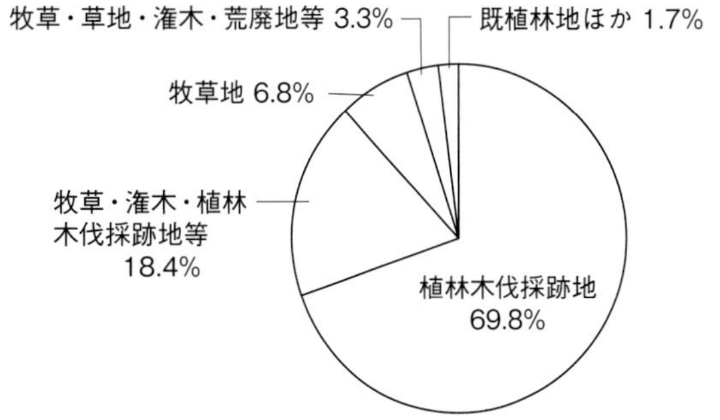

牧草・草地・潅木・荒廃地等 3.3%
既植林地ほか 1.7%
牧草地 6.8%
牧草・潅木・植林木伐採跡地等 18.4%
植林木伐採跡地 69.8%

（資料：日本製紙連合会／ただし，（一社）海外産業植林センターのデータを基に作成）

表2. 間伐材の利用状況　　　　　　　　　　　　　　（単位：1,000BDt）

	2016年	2017年	2018年	2019年	2020年	2021年
間伐材 （林地残材含む）	704 〈40〉	703 〈39〉	722 〈37〉	703 〈43〉	615 〈43〉	593 〈49〉
虫害材	1	1	1	1	1	1
古材	332	318	316	318	389	169

注1）古材には家屋解体材のほか、ダンネージ、パイル等を含む。
注2）〈　〉は証明書付き間伐材。

（資料：日本製紙連合会）

図10. 製紙会社の植林面積の推移

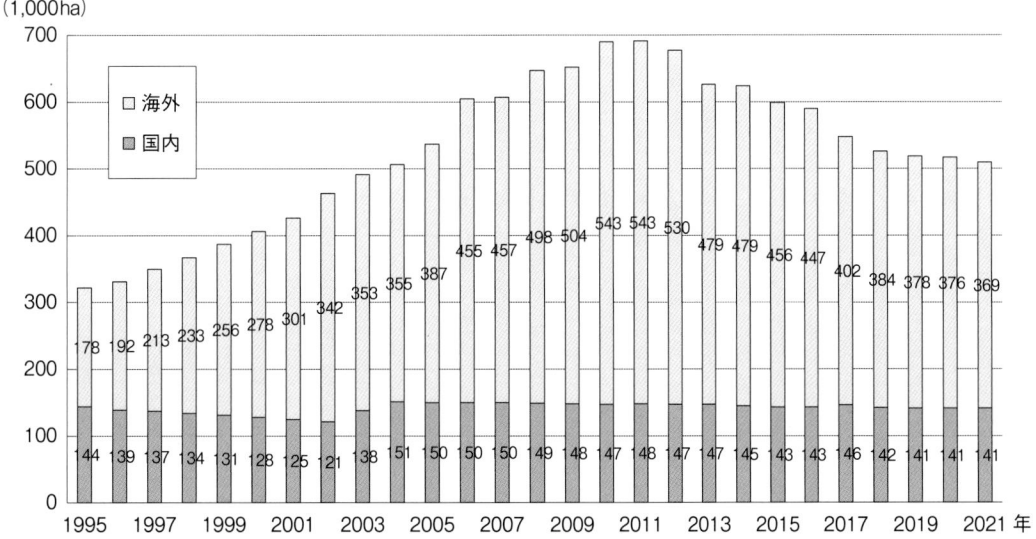

（1,000ha）

（資料：日本製紙連合会）

と相互承認した日本の森林認証であるSGEC（Sustainable Green Ecosystem Council、緑の循環認証会議）を、海外の自社林については国際的な森林認証制度であるFSC（Forest Stewardship Council）やPEFC（Responsible Wood：豪州、IFCC：インドネシア、NZFCA：ニュージーランド、CERFLOR：ブラジル、CERTFORCHILE：チリ、いずれもPEFCと相互承認）を取得しており、21年現在で森林認証を受けた自社林の面積は58.2万haに達している。

一方、調達する木材チップのうち森林認証材の占める割合は、20年より0.3pt下降して21.6％となっている。昨今は認証管理木材の割合の高いベトナムをはじめタイ、インドネシアからの輸入の増加が見られる一方、認証材の割合が高い豪州、チリ、南アフリカ等のシェアが低下したことが要因として挙げられる。

なお、15年よりFSCやPEFCによって認証された管理木材（森林認証材ではないが、合法性や社会的、環境的優位性などについて第三者機関による認証を受けている木材）について調査を開始しており、森林認証材と認証管理木材（認証取得者で管理木材の証明がされた木材）を合わせると、その割合は72.1％（とくに輸入材については100.0％）となっている。

表3．森林認証材および認証された管理木材（木材チップ）の利用状況（2021年）

（単位：1,000BDt）

		針葉樹 数量	針葉樹 割合[注1]	広葉樹 数量	広葉樹 割合[注1]	合計 数量	合計 割合[注1]
国 内	①認証材	−	−	−	−	−	−
	②認証管理木材[注2]	0	0.0%	−	−	0	0.0%
	③管理木材[注3]	2,907	94.7%	970	100.0%	3,877	96.0%
	①＋②	0	0.0%	0	0.0%	0	0.0%
	集荷量計	3,070		970		4,040	
輸 入	①認証材	505	34.3%	2,634	29.3%	3,139	30.0%
	②認証管理木材[注2]	967	65.7%	6,353	70.7%	7,320	70.0%
	③管理木材[注3]	−	−	−	−	−	−
	①＋②	1,472	100.0%	8,987	100.0%	10,459	100.0%
	集荷量計	1,472		8,987		10,459	
合 計	①認証材	505	11.1%	2,634	26.5%	3,139	21.6%
	②認証管理木材[注2]	967	21.3%	6,353	63.8%	7,320	50.5%
	③管理木材[注3]	2,907	64.0%	970	9.7%	3,877	26.7%
	①＋②	1,472	32.4%	8,987	90.3%	10,459	72.1%
	集荷量計	4,542		9,957		14,499	

注1）「割合」は各集荷量計（100％）に対する認証材および認証管理木材の割合。
注2）認証管理木材は、認証取得者で管理木材の証明を行った木材。
注3）管理木材は、自社（グループ会社を含む）でリスクアセスメントを実施した管理木材。

（資料：日本製紙連合会）

図11．森林認証取得面積（累計）の推移

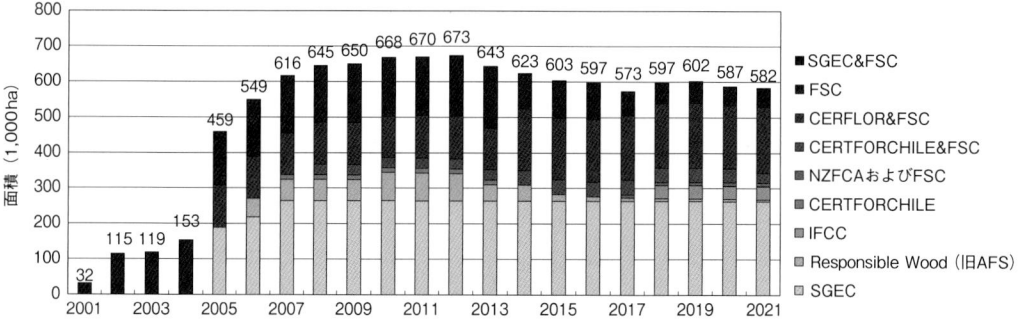

注1）SGEC：Sustainable Green Ecosystem Council（緑の循環認証会議；PEFCと相互承認）。
注2）FSC：Forest Stewardship Council（森林管理協議会）。
注3）Responsible Wood［旧AFS：Australian Forestry Standard］（オーストラリア林業基準；PEFCと相互承認）。
注4）IFCC：Indonesian Forestry Certification Cooperation（インドネシア森林認証協力機構；PEFCと相互承認）。
注5）NZFCA：New Zealand Forest Certification Association（ニュージーランドの森林認証制度；PEFCと相互承認）。
注6）CERFLOR：Programa Nacional de Certificacan Florestal（ブラジルの森林認証プログラム；PEFCと相互承認）。
注7）CERTFORCHILE（チリの森林認証プログラム；PEFCと相互承認）。
注8）NZFCA、CERFLOR、CERTFORCHILE、SGECの一部はFSCを重複取得。

（資料：日本製紙連合会）

エネルギー：燃料転換・省エネが進みCO₂排出原単位も改善

日本製紙連合会は、先ごろ「紙パルプ産業のエネルギー需給及び他産業も含めたCO₂排出の動向」を公表した。同資料はこれまで「紙パルプ産業のエネルギー事情」として取りまとめていたもので、今回は2021年度の実績を集計した2023年度版として作成した。以下、概要を紹介する。

1．エネルギーバランス

わが国の最終エネルギー消費のうち、紙パルプ産業の比率は1.9%

図1．わが国のエネルギーバランス（2021年度）

単位：PJ（=10⁹MJ 熱量換算）

生産　2,495　13.1%

石炭	16
原油	18
天然ガス	96
水力発電	683
原子力	606
地熱	31
新エネ等	1,045

輸入　16,552　86.9%

石炭	4,933
原油	5,696
天然ガス	3,909
コークス等	63
石油製品	1,953

一次エネルギー総供給　19,048　100.0%

石炭	4,949	26.0%
原油	5,714	30.0%
石油製品	1,953	10.3%
天然ガス	4,005	21.0%
コークス等	63	0.3%
原子力発電	606	3.2%
水力発電	683	3.6%
地熱	31	0.2%
新エネ等	###	5.5%

電力転換（電力事業者＋自家発）9,114

転換ロス　5,251　ロス率 57.6%

自家消費 送配電ロス　390

電力　3,472

都市ガス　1,290

1,735

石油製品　5,818

7,152

7,267

石炭	590
コークス	690
天然ガス	50
地熱	6
新エネ等	113

その他（燃料転換ロス・自家消費・誤差等）　▲116

輸出 1,047

最終エネルギー消費　12,029　100.0%

産業 5,650 47.0%	農水・鉱業・建設	265	2.2%
	化学	1,767	14.7%
	鉄鋼	1,411	11.7%
	窯業土石	272	2.3%
	紙パルプ	226	1.9%
	その他の製造業	1,577	13.1%
	非エネルギー	132	1.1%
民生 3,605 30.0%	家庭	1,960	16.3%
	業務	1,645	13.7%
	運輸	2,770	23.0%

出典：日本エネルギー経済研究所編「EDMC／エネルギー・経済統計要覧（2023年版）」
作成：日本製紙連合会

図2．紙パルプ産業のエネルギーバランス（2021年）

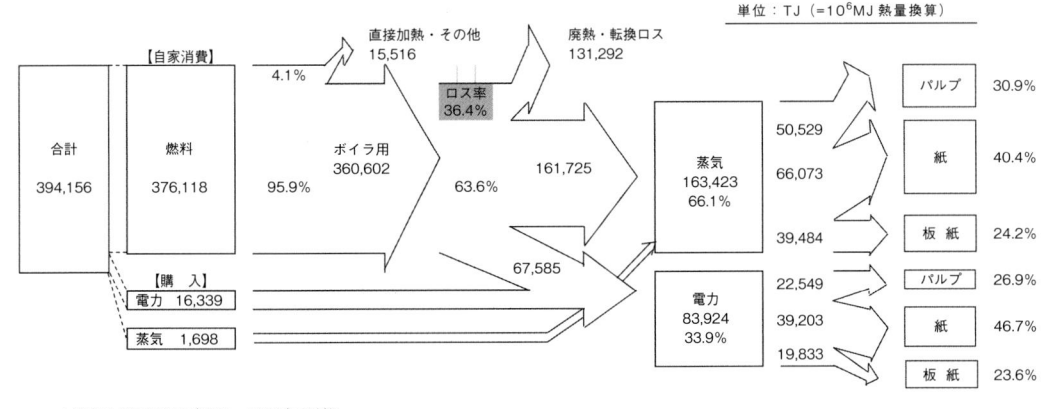

単位：TJ（=10⁶MJ 熱量換算）

合計 394,156

燃料 376,118

【自家消費】 4.1%

直接加熱・その他 15,516

廃熱・転換ロス 131,292

ロス率 36.4%

ボイラ用 360,602　95.9%

63.6%　161,725

67,585

【購入】
電力 16,339
蒸気 1,698

蒸気 163,423　66.1%

電力 83,924　33.9%

50,529
66,073
39,484

22,549
39,203
19,833

パルプ	30.9%
紙	40.4%
板紙	24.2%
パルプ	26.9%
紙	46.7%
板紙	23.6%

＊電力は 3.6MJ/kMh（860kcal/kWh）で計算

表1. 紙パルプ産業のエネルギー消費量（2021年）

	PJ	%
重　油	25.0	6.3
ガソリン・灯油・軽油	0.3	0.1
LPG	1.1	0.3
炭化水素油・石油コークス・再生油	6.0	1.5
石油系燃料	32.5	8.2
石炭・石炭コークス	115.3	29.0
都市ガス・天然ガス・LNG	38.9	9.8
その他燃料	154.2	38.8
購入電力（3.60MJ/kWh）	17.6	4.4
購入蒸気	1.7	0.4
二次エネルギー	19.3	4.9
回収黒液	138.3	34.8
廃　材	30.5	7.7
廃タイヤ・廃プラ・RPF	22.9	5.8
再生可能・廃棄物エネルギー計	191.7	48.2
合　計	397.6	100.0

出典：経済産業省「石油等消費動態統計年報」2021（令和3）年
作成：日本製紙連合会

図3. 紙パルプ産業のエネルギー構成（2021年）

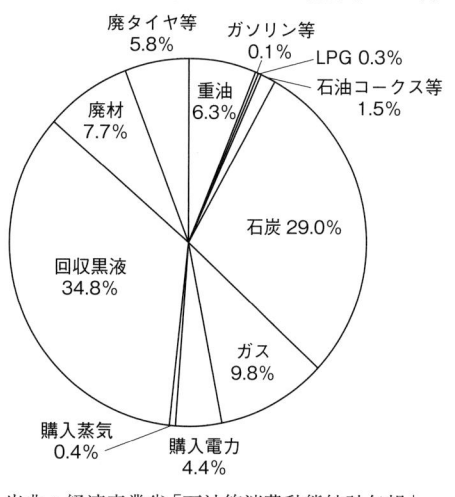

出典：経済産業省「石油等消費動態統計年報」
作成：日本製紙連合会

図4. 紙パルプ産業のエネルギー構成比の推移（熱量ベース）

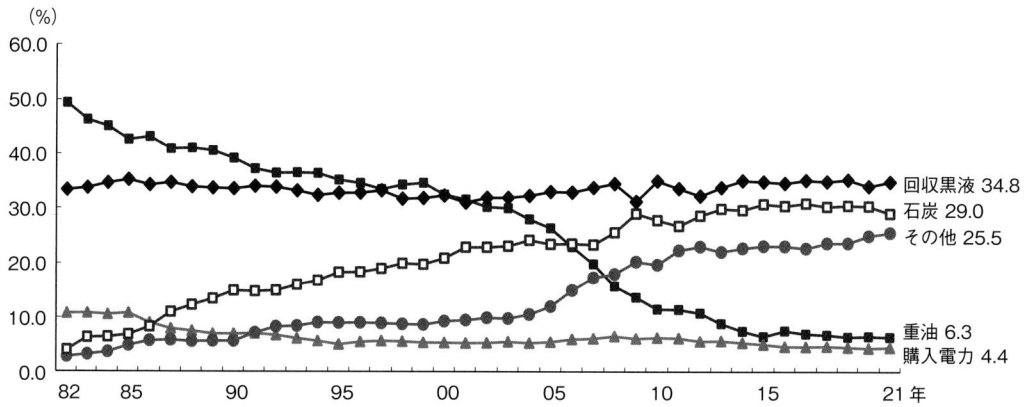

出典：経済産業省「石油等消費動態統計年報」
作成：日本製紙連合会

である。また、わが国の電力転換のロス率は57.6％である一方、紙パルプ産業のエネルギーロス率は36.4％と前者よりも小さく、エネルギーがより効率的に使用されていることがわかる。紙パルプ産業では電力のみならず、コージェネレーションでの蒸気による熱利用比率が高いことに起因するもので、エネルギーの使用割合は、蒸気が電力の約2倍となっている。

2. 紙パルプ産業のエネルギー関連動向

2-1. エネルギー種別消費量および構成比

紙パルプ産業では多様な種類のエネルギーを利用している。特徴として、木質チップからパルプを製造するKP（クラフトパルプ）工場ではバイオマス燃料の黒液を利用。また、黒液がなく古紙を原料とする工場においても廃材・バーク等の再生可能なバイオマス燃料や廃タイヤ、RPF等の廃棄物由来燃料である非化石エネルギーの燃料を多く利用しており、その使用比率も高い。

紙パルプ産業のエネルギー構成比の推移を見ると、2004年度以降は急激に重油比率が減少し、その他の燃料構成比が増加している。これは重油からバイオマス燃料や廃棄物燃料への燃料転換が盛んに進め

図5. 自家発電・購入電力および自家発比率の産業間比較（2021年）

（100 億 kWh）

（□の数値は自家発比率）

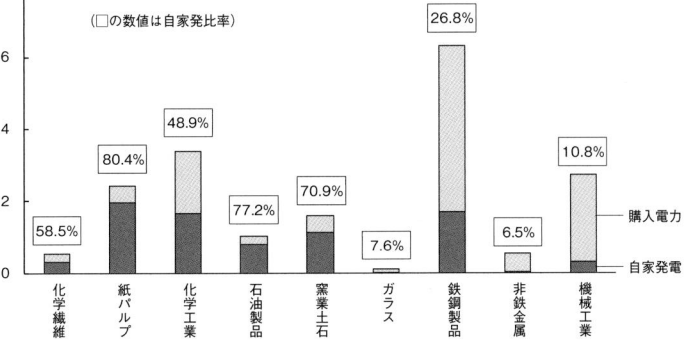

- 購入電力
- 自家発電

注）他産業との比較のため業種は「パルプ・紙・板紙工業」。
出典：経済産業省「石油等消費動態統計年報」
作成：日本製紙連合会

図6. 自家発比率と為替レートの推移

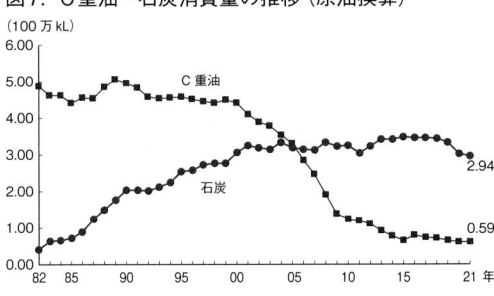

自家発比率

為替レート

77.5

131.6

注）「パルプ・紙・板紙」の自家発電比率。
出典：経済産業省「石油等消費動態統計年報」、為替レート＝日銀ホームページ・月中為替レート

作成：日本製紙連合会

られた結果である。また、石炭については緩やかな増加傾向にあるが、全体で見ると、化石燃料から非化石燃料への移行が進んでいる。

2-2. 電力消費量および自家発比率の産業間比較

紙パルプ産業は消費電力が多く、またパルプ製造工程（蒸解、酸素晒、黒液濃縮）や抄紙工程（乾燥）において多くの中・低圧蒸気を使用する。このため、ボイラーで得られる高温高圧蒸気をまず自家発電の蒸気タービンに利用し、発電後の中低圧蒸気を熱利用するコージェネレーション（熱電併給システム）が発達しており、自家発電設備を多く所有している。

またボイラー燃料の種類が多く、燃料の購入価格も為替等によって変動するため、工場では生産状況や電力・蒸気の価格状況に応じ自家発電を調整して最適運用を行い、エネルギーを無駄なく利用している。

国内における他の主要産業と自家発電、購入電力および自家発比率を比較すると、自家発電量は国内の製造業中でもっとも多い。また使用電力に対する自家発比率も石油製品業と同様に高く、2021年においては約80％となっている。

次に自家発比率の推移と為替レートの推移を見ると、1985年以降為替レートが円高になり、原油価格も大幅に下落したことから自家発比率は増加傾向となっている。とくに2011年の東日本大震災以降は電力不足と電力価格高騰などで自家発比率がアップし、16年以降は80％前後で推移している。

図7. C重油・石炭消費量の推移（原油換算）

（100 万 kL）

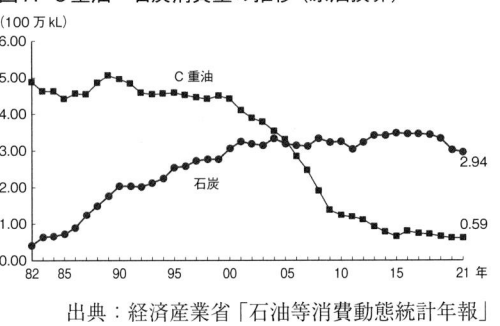

C重油

石炭

2.94

0.59

出典：経済産業省「石油等消費動態統計年報」

図8. C重油・石炭価格の推移

（円 /GJ）

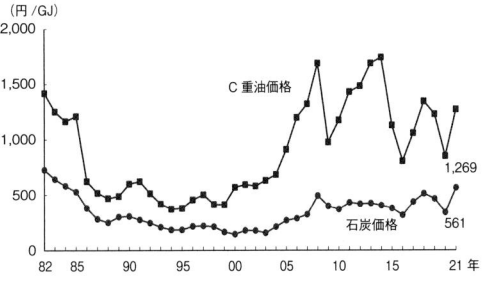

C重油価格

石炭価格

1,269

561

出典：重油価格＝日本経済新聞社調、石炭価格＝石油連盟「石油資料月報」

2-3. C重油・石炭の消費量と価格の推移

　紙パルプ産業ではコスト削減のため、重油から石炭への燃料転換が進められてきた。2003年度以降は重油からバイオマス燃料および廃棄物由来燃料への燃料転換が主となっており、石炭はこれらバイオマス・廃棄物燃料使用時のバックアップ燃料として利用するケースが多い。消費量については、C重油・石炭ともに14年度以降はほぼ横這いの状況。

　価格動向については、C重油が04年度より急激に上昇したが、08年後半のリーマン・ショック後下落した。10～14年度は為替影響などもあり高値に戻ったが、15年度以降は上昇・下降を繰り返している。また22年度以降は、ロシアによるウクライナ侵攻にともなう燃料価格上昇の影響が大きくなると想定される。

2-4. 電力・蒸気の消費原単位指数の推移

　電力・蒸気の原単位の推移を見ると、1981年を基点に電力・蒸気原単位ともに90年ごろまでは大き

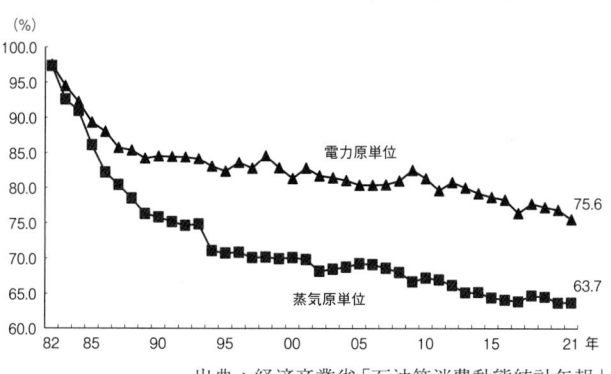

図9. 電力および蒸気原単位指数の推移（1981年＝100）

出典：経済産業省「石油等消費動態統計年報」
作成：日本製紙連合会

く低下。その後も省エネ対策を継続して進めているものの、原単位向上幅は年々小さくなってきている。

　なお、08年のリーマン・ショック以降、紙パルプ産業の生産量は減少傾向にあるが、原単位は依然わずかながらも低減傾向を示しており、これは各社の燃料転換と地道な省エネ対策推進の成果が発現した結果と言える。

2-5. 主要化石エネルギー購入費の推移

　1986年からの円高進行や原油価格の下落により、紙・板紙生産額に占める主要エネルギー費比率が低下、その後も為替と生産量の変動により多少の変化はあるものの、93年以降は8％前後で安定していた。しかし、05年ごろより原油価格の急上昇やそれにともなう石炭価格の上

図10. 主要化石エネルギー購入費の推移

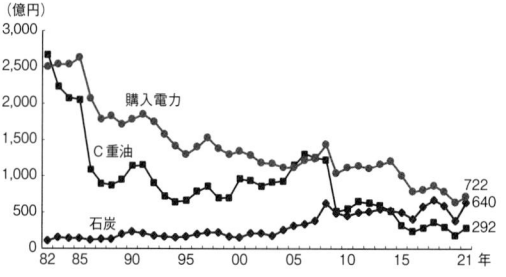

出典：重油価格＝日本経済新聞調査（年ベース）、石炭価格＝石油連盟「石油資料月報」（年ベース）、電力料金＝省エネルギーセンター「エネルギー・経済統計要覧」（年度ベース）
作成：日本製紙連合会

図11. 紙・板紙生産金額に占める主要化石エネルギー費比率の推移

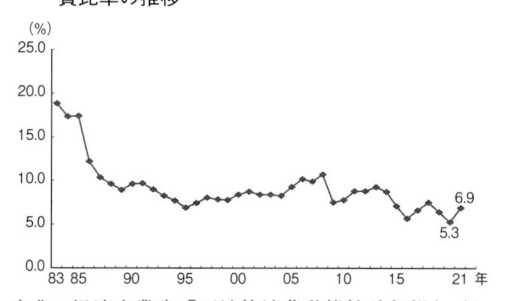

出典：経済産業省「石油等消費動態統計年報」、紙・板紙生産量＝経済産業省「生産動態統計年報」
作成：日本製紙連合会

表2. 2013年度，20年度および21年度の実績

	生産量（万t/年）	CO$_2$排出量	
		実績排出量（万t/年）	排出原単位（t-CO$_2$/t）
2013年度実績（基準年）	2,406	1,833	0.782
2020年度実績	2,064	1,564	0.758
2021年度実績	2,198	1,583	0.720
2020年度比増減	135	19	▲0.038

表3. 2030年度各部門の温室効果ガス排出削減量の目標・目安（2013年度比）

温室効果ガス排出量・吸収量の合計	▲46%
うち、エネルギー起源二酸化炭素	▲45%
産業部門	▲38%
業務その他部門	▲51%
家庭部門	▲66%
運輸部門	▲35%
エネルギー転換部門	▲47%

出典：地球温暖化対策計画（令和3年10月22日閣議決定）

表4.　CO₂排出量増減の要因

	基準年度→21年度変化分		20年度→21年度変化分	
	（万t-CO₂）	（%）	（万t-CO₂）	（%）
事業者省エネ努力	▲95.446	▲5.1	▲62.970	▲4.0
燃料転換の変化	51.517	2.7	▲32.815	▲2.1
購入電力の変化	▲99.859	▲5.3	14.895	1.0
生産活動量の変化	▲156.196	▲8.1	99.428	6.4

図12.　CO₂削減量推移（2013年度以降）

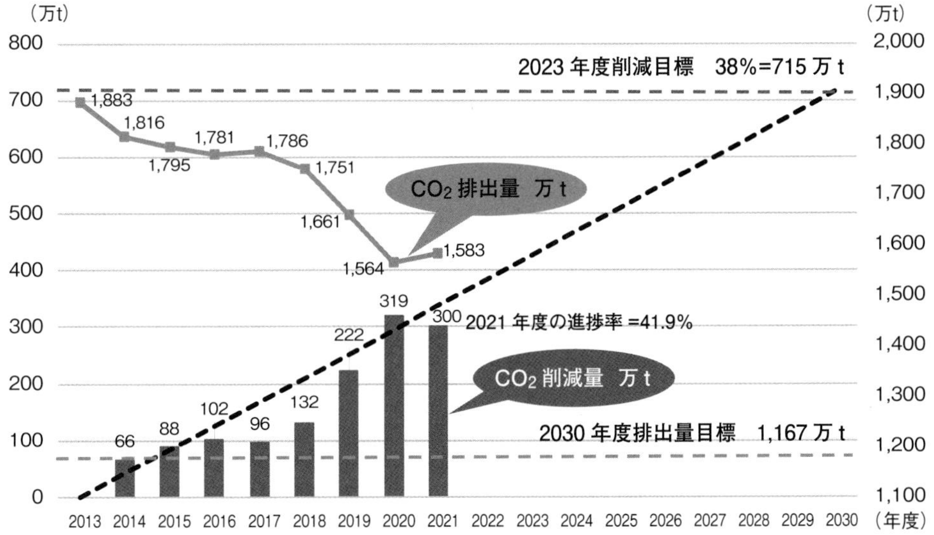

昇により主要エネルギー費比率も9〜10%台に増加。08年のリーマン・ショック以降は景気の急激な悪化や円高影響により燃料や電力価格が低下したため、09〜10年には主要エネルギー費比率は再び7%台となった。11年以降は震災後の原発停止による燃料費上昇や化石燃料費の変動と購入電力費値上げ等の影響により主要エネルギー費比率は6〜9%台で推移し、20年度には5.3%まで低下して過去最少値を更新したが、21年度はロシアのウクライナ侵攻にともなうエネルギー価格高騰により6.9%まで上昇した。

3.　カーボンニュートラル行動計画の取組み

3-1.　2022年度（21年度実績）のフォローアップ結果

　日本製紙連合会は経団連の低炭素社会実行計画に参加し、2013年度以降、温暖化対策に取り組んでおり、21年度からは名称がカーボンニュートラル行動計画に変更された。製紙連は21年度の活動状況を確認するため、22年4〜6月にフォローアップ調査を実施した。
　（1）　カーボンニュートラル行動計画（フェーズⅡ）
　　目標として、
①　国内の生産設備から発生する2030年度のエネルギー起源CO₂排出量を2013年度比38%削減する
②　CO₂の吸収源として、2030年度までに国内外の植林面積を1990年度比37.5万ha増の65万haとする
　を設定。①については「最新の省エネルギー設備・技術の積極的導入」「自家発設備における化石エネルギーから再生可能エネルギーへの燃料転換」「エネルギー関連革新的技術の積極的採用」を削減の柱として位置づけている。
　（2）　2021年度実績の評価
　21年度の実績CO₂排出量は1,583万tで、13年度に対する削減量は300万tとなり、削減の進捗率は41.9%。また、20年度に対しては19万tの増加となったが、これは生産量の増加によるものである。CO₂排出原単位について見ると、21年度の実績は0.720t-CO₂/tで、20年度の0.758t-CO₂/tよりも0.038t-CO₂/t改善した。原単位の良化は生産量の増加によるものである。
　また、21年度の13年度に対する削減量は300万tで、前年度の319万tに比べ若干悪化したものの、30年度の削減目標に向かってほぼ順調に推移している。
　なお、21年10月に見直しが実施された政府の「地球温暖化対策計画」で示された13年度比での30年度の温室効果ガス削減の目標・目安のうち、産業部門におけるエネルギー起源CO₂の削減目安は38%となっており、前記のカーボンニュートラル行動計画フェーズⅡの削減目標38%も、この目安を考慮した値となっている。

図13. 紙・板紙生産量の実績および化石エネルギー使用量およびCO₂排出量の推移

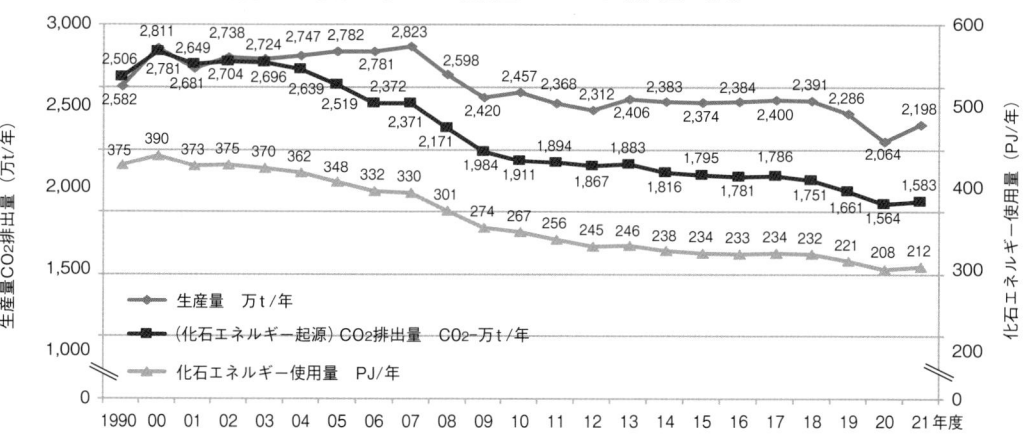

図14. 総エネルギー原単位，化石エネルギー原単位およびCO₂排出量原単位の推移（1990 年度基準）

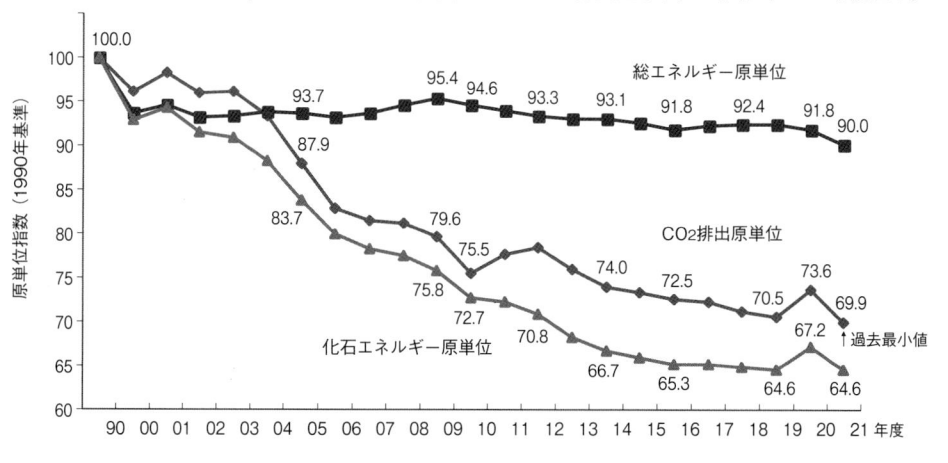

図15. エネルギー構成比率（2013年度・21 年度比較）

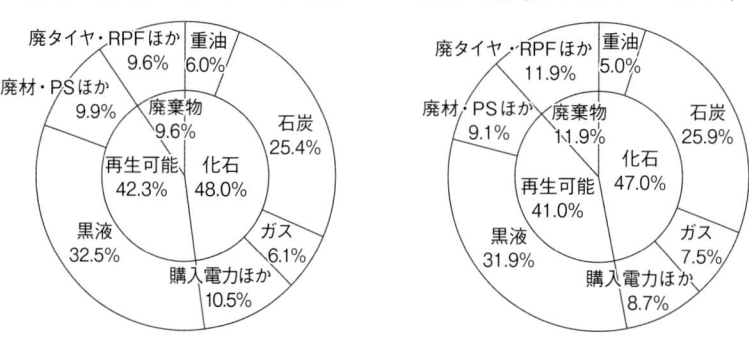

（3）　2021年度CO₂排出量増減の要因

21年度は生産活動量（生産量）が2,198万tで，19年度比135万t（6.5%）増。CO₂排出量は20年度比1.2%増

加した。生産活動量による増加が6.4%ともっとも大きく，購入電力にともなうCO₂排出量も1.0%の増加となった。生産量の増加による原単位の良化から，省エネ努力分は−

4.0%となった。

基準年度（13年度）と比べると，生産活動量が減少したことのほかに各社の省エネ努力 分による効果が大きく，CO₂排出量とエネルギー消

151

表5.　省エネの部門別投資と効果の推移

	（回答会社）	00年度(29社)	12年度(27社)	13年度(25社)	14年度(21社)	15年度(24社)	16年度(25社)	17年度(25社)	18年度(22社)	19年度(28社)	20年度(24社)	21年度(26社)
パルプ	投資額①(100万円)	8,011	572	1,197	732	3,853	707	592	637	260	401	219
	省エネ効果②(TJ/年)	1,783	637	737	509	612	374	339	429	258	425	175
	省エネコスト①/②(1,000円/TJ)	4,493	897	1,623	1,437	6,294	1,890	1,748	1,486	1,007	944	1,254
抄造	投資額①(100万円)	7,372	1,125	2,612	1,171	2,705	2,115	3,123	14,675	1,657	2,097	676
	省エネ効果②(TJ/年)	1,393	1,998	732	436	468	580	425	676	394	324	147
	省エネコスト①/②(1,000円/TJ)	5,292	563	3,569	2,686	5,784	3,645	7,349	21,705	4,208	6,471	4,598
動力	投資額①(100万円)	6,032	1,038	1,344	10,594	3,891	2,291	674	2,399	6,568	2,409	549
	省エネ効果②(TJ/年)	2,342	824	513	1,708	487	584	449	764	812	479	172
	省エネコスト①/②(1,000円/TJ)	2,576	1,260	2,622	6,202	7,991	3,925	1,503	3,141	8,086	5,030	3,187
その他	投資額①(100万円)	1,626	401	456	473	1,926	316	650	481	495	702	571
	省エネ効果②(TJ/年)	1,157	174	245	370	230	275	178	283	120	186	144
	省エネコスト①/②(1,000円/TJ)	1,405	2,305	1,859	1,279	8,373	1,148	3,655	1,702	4,141	3,774	3,959
合計	投資額(100万円)	23,041	3,136	5,608	12,970	12,375	5,428	5,039	18,193	8,980	5,610	2,215
	省エネ効果③(TJ/年)	6,675	3,633	2,227	3,023	1,797	1,813	1,390	2,151	1,584	1,413	658
	省エネコスト(1,000円/TJ)	3,452	863	2,518	4,290	6,887	2,994	3,625	8,456	5,669	3,970	3,365
化石エネルギー使用量④(PJ/年)		386.9	244.2	243.8	235.6	231.6	235.0	232.9	231.7	221.8	208.3	212.4
省エネ削減比率*③/④		1.7	1.5	0.9	1.3	0.8	0.8	0.6	0.9	0.7	0.7	0.3

注）省エネ削減比率は各年度の化石エネルギー使用量に対する省エネ効果の比率

図16.　化石エネルギー使用量削減率の推移

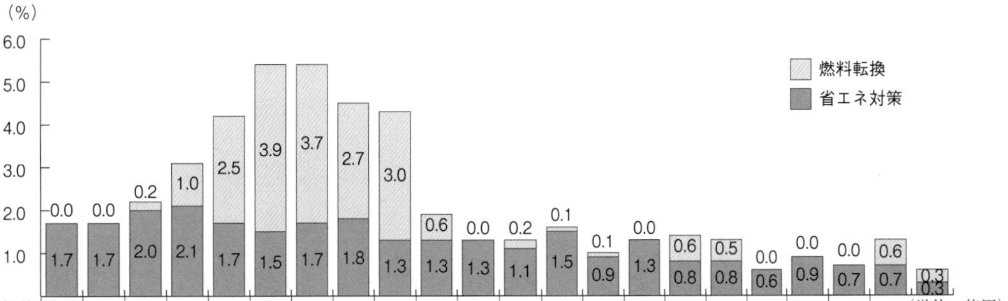

凡例：■燃料転換　■省エネ対策

化石エネルギー使用量削減率（%）　省エネ対策値／燃料転換値（年度順 00～21）：
省エネ対策：1.7, 1.7, 2.0, 2.1, 1.7, 1.5, 1.7, 1.8, 1.3, 1.3, 1.3, 1.1, 1.5, 0.9, 1.3, 0.8, 0.8, 0.6, 0.9, 0.7, 0.7, 0.3
燃料転換：0.0, 0.0, 0.2, 1.0, 2.5, 3.9, 3.7, 2.7, 3.0, 0.6, 0.0, 0.2, 0.1, 0.1, 0.0, 0.6, 0.5, 0.0, 0.0, 0.0, 0.6, 0.3

投資額推移　（単位：億円）

年度	00	01	02	03	04	05	06	07	08	09	10	11	12	13	14	15	16	17	18	19	20	21	合計
燃料転換	0	0	67	78	184	177	350	286	447	155	3	37	20	7	0	62	91	0	0	11	98	3	2,075
省エネ対策	230	169	82	103	249	84	92	314	73	64	68	49	31	56	130	124	54	50	182	90	56	22	2,374
合計	231	169	148	181	433	261	441	601	520	219	72	86	52	63	130	186	145	50	182	100	155	25	4,449

費量の両方で大幅に減少している。

(4)　1990～2021年度の実績推移

国内の紙・板紙需要は08年のリーマン・ショック以降、少子高齢化や紙以外のメディアとの競合など構造的な要因により減少傾向にあったが、21年度の生産量はコロナ禍からの回復影響もあって2,198万tとなり、20年度実績に対し6.5％の大幅増となった。

CO2排出量について、21年度は1,583万tで、20年度の1,564万tよりも19万t増加。21年度の化石エネルギー消費量は212PJとなり、20年度の208PJに対し2.3％の増加となった。これは生産量の増加にともない、21年度は購入電力量が20年度に対し14.8％増加したことが大き

な要因である。一方、生産量の増加により90年度比CO2排出原単位指数は、前年度の73.6から69.9に減少した。

13年度と21年度とを比較すると、化石エネルギーの構成比率は48.0％から47.0％へ1.0pt、再生可能エネルギーは42.3％から41.0％へ1.3ptの微減となった一方、廃棄物エネルギーが9.6％から11.9％へ2.3pt増加している。化石エネルギーのなかでは購入電力他が10.5％から8.7％へ1.8ptの減少となった。

(5)　省エネルギー投資・燃料転換投資

21年度は3件の燃料転換対策のほか、省エネ対策投資工事ではポンプのインバーター化、変圧器・空調機更新、LED照明採用、老朽化設備

更新、コンプレッサー更新、工程見直し、スチームトラップ更新など、継続して毎年多数の工事が積極的に実施されている。

00～21年度の省エネ投資額（汎用・大型）・燃料転換投資額およびこれらの投資による化石エネルギー使用量の削減効果を見ると、省エネルギー投資は化石エネルギー使用量削減率で概ね1～2％の範囲となっている。また、燃料転換投資は03～09年度に多く実施され、省エネ・燃料転換投資を合わせた化石エネルギー削減率は最大で5％以上得られていた時期もあったが、これは大型の燃料転換投資の効果によるところが大きい。

10年度から省エネ投資は化石エネルギー使用量削減率1％前後の値で

表6. 今後の省エネ投資（2022〜24年度計画分）

回 答		投資内容	会 社	事業所	件 数	投資額 (100万円)	省エネ量 (TJ/年)	CO2削減量 (1,000t-CO2/年)
会 社	事業所							
27	63	汎 用	25	59	261	4,674	1,081	69
		大 型	8	8	14	16,127	950	51
		総 計	27	63	275	20,801	2,032	126

表7. 今後の燃料転換投資（2022〜24年度計画分）

回 答		投資内容	会 社	事業所	件 数	投資額 (100万円)	省エネ量 (TJ/年)	CO2削減量 (1,000t-CO2/年)
会 社	事業所							
8	9	汎 用	5	6	8	611	246	32
		大 型	4	4	4	24,055	3,311	193
		総 計	8	9	12	24,666	3,557	225

図17. 植林面積の推移

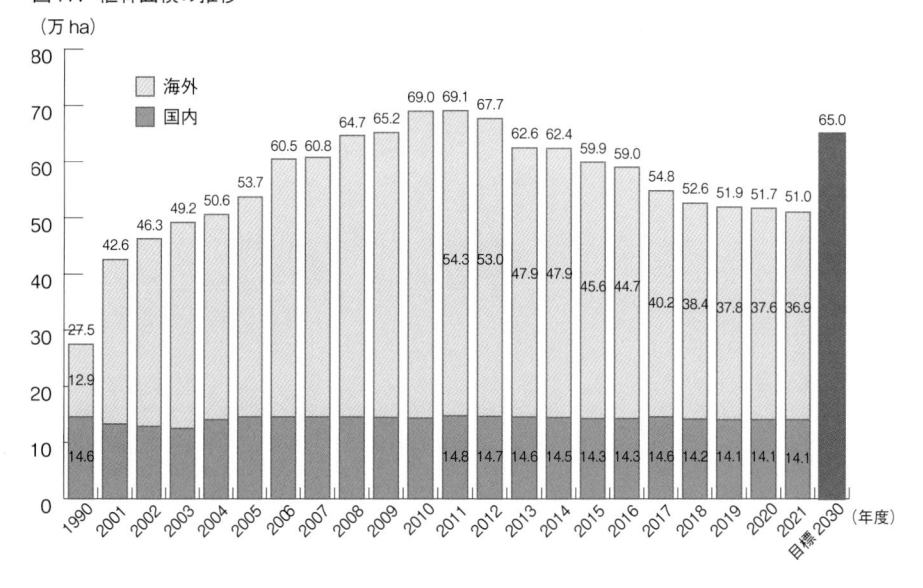

推移していたが、15年度以降は1％を切っており、21年度は0.3％で過去最少値となった。これは、投資回収が可能な範囲での省エネ投資の実施が年々困難になっていることを示している。 燃料転換投資は景気低迷や燃料調達の見通しが不透明だったことにより09年度以降は0〜0.6％で推移しており、21年度は3件の実施案件があった。

(6) 今後の投資計画

22〜24年度の3年間における省エネおよび燃料転換投資として、省エネ投資208億円、燃料転換投資227億円の案件が計画されており、CO2削減量は省エネ投資で12.0t/年、燃料転換投資で22.5万t/年が期待される。

(7) 植林の進捗状況

植林については、30年度までに所有または管理する国内外の植林地の面積を90年度比37.5万ha増の65万haにすることを目標としているが、植林面積の実績は21年度末で国内・海外を合わせ51.0万haと20年度実績に対して7,000ha減少しており、前年度比では10年連続の減少となった。

その理由としては、製品生産量の落込みを受けて原料調達量が08年度以前と比べ大幅に減少しており投資意欲が消極的になっていること、現地事情として地球温暖化による雨量減少に起因した成長量の低下等による植林事業からの撤退などがあったことが挙げられ、予定通り植林面積が増やせなかったことが推測できる。

4. 温室効果ガス排出量関連情報

4-1. 主要国の温室効果ガス排出量

(1) 主要国の温室効果ガス排出量の推移（環境省）

1990年を基準とした主要国の温室効果ガス排出量の推移を見ると、カナダは2020年に25.3％増加しているが米国は6.6％減少し、カナダの増加が著しい。日本は9.0％減少。

EU諸国は20年に－26.5〜－43.5％と各国で差が見られる。EUの自主削減目標基準年は90年であり、削減目標を2030年に－55％としている。英国は30年に－57％という高い目標を掲げているが、20年は－49.5％となった。ロシアについ

図18. 海外植林の状況

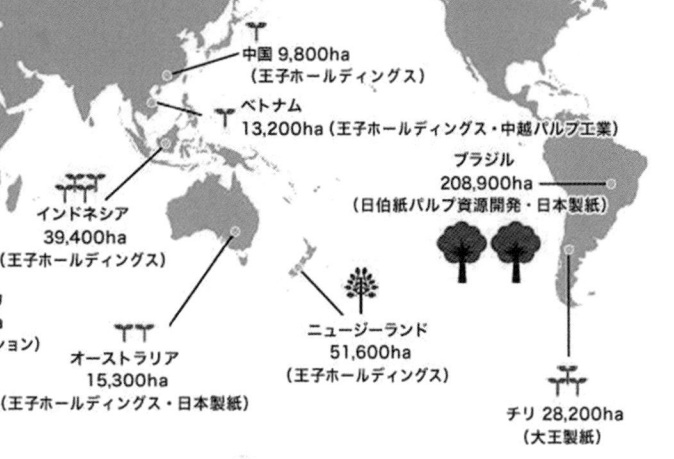

実施面積 368,800ha（2021年末現在）

中国 9,800ha
（王子ホールディングス）

ベトナム
13,200ha（王子ホールディングス・中越パルプ工業）

ブラジル
208,900ha
（日伯紙パルプ資源開発・日本製紙）

インドネシア
39,400ha
（王子ホールディングス）

南アフリカ
2,300ha
（北越コーポレーション）

オーストラリア
15,300ha
（王子ホールディングス・日本製紙）

ニュージーランド
51,600ha
（王子ホールディングス）

チリ 28,200ha
（大王製紙）

= 100,000ha　= 50,000ha　= 10,000ha

資料：日本製紙連合会

ては20年に－52.0％の減少となり、近年は若干の増加傾向にあるが、自主削減目標の基準年はEUと同様に90年であるので、30年の目標である－25～－30％をすでに達成している。日本の自主削減目標（30年に－46％）の基準年は13年で、20年はそれに対し－18.4％となり、進捗率は40％でほぼ順調に推移していると言える。

（2）　世界のエネルギー起源CO$_2$排出量（環境省）

2019年における世界のエネルギー起源CO$_2$排出量とシェアを見ると、中国1ヵ国で世界全体の29.4％を排出しており、続いて米国14.1％、EU28ヵ国8.9％、インド6.9％、ロシア4.9％となっている。日本は3.1％でロシアに次ぐ6番目の排出量である。

（3）　国別累積CO$_2$排出量（1850～2021年、世界資源研究所）

1850～2021年（ほぼ産業革命から現在まで）の国別の累積CO$_2$排出量（土地利用変更と森林分は除く）によると、米国が25.3％と圧倒的に多く、世界全体の4分の1以上を占め

ており、以下、中国14.9％、ロシア7.2％、ドイツ5.6％、英国4.5％の順で、日本は3.7％で第6位となっている。

最近は中国の排出量の増加が顕著で第2位となっており、同じく人口増加の著しいインドも急増し第7位（3.5％）である。そのほかドイツ、英国、日本、フランス、カナダ等の先進国が上位を占め、EU27ヵ国合計では17.0％となり、米国に次ぐ排出量となっている。

4-2. わが国のCO$_2$排出量推移（環境省）

環境省より発表された21年度のCO$_2$排出量は10億6,400万tであり、前年度比2.1％（2,230万t）増、13年度比19.2％（2億5,350万t）減。

①　産業部門（工場等）の増減内訳（電気・熱配分後）

21年度CO$_2$排出量：3億7,300万t（前年度比1,910万t・5.4％増、13年度比9,020万t・1.5％減）。

前年度からの増加要因：新型コロナウイルス感染症で落ち込んでいた経済の回復等により、製造業における生産量が増加したことから、エネ

ルギー消費量が増加したこと等。

2013年度からの減少要因：電力のCO$_2$排出原単位（電力消費量当たりのCO$_2$排出量）が改善したこと、製造業における生産量が新型コロナウイルス感染症拡大以前の水準を引き続き下回っていることなど。

②　エネルギー転換部門（発電所・製油所等）（電気・熱配分後：電気熱配分統計誤差を除く）

21年度CO$_2$排出量：8,950万t（前年度比740万t・9.1％増、13年度比1,670万t・15.7％減）。

前年度からの増加要因：石油製品製造および石炭製品製造（コークス製造）における排出量の増加等。

2013年度からの減少要因：石油製品製造および事業用発電における排出量の減少等。

また、部門別のCO$_2$排出量を見ると、21年度は産業部門が全体の35.1％を排出しており、次いで業務部門、運輸部門、家庭部門の順となっている。90年度を100とした部門別CO$_2$排出量指数の推移では産業部門の削減幅がもっとも大きく、着実な省エネ対策等により21年度に90

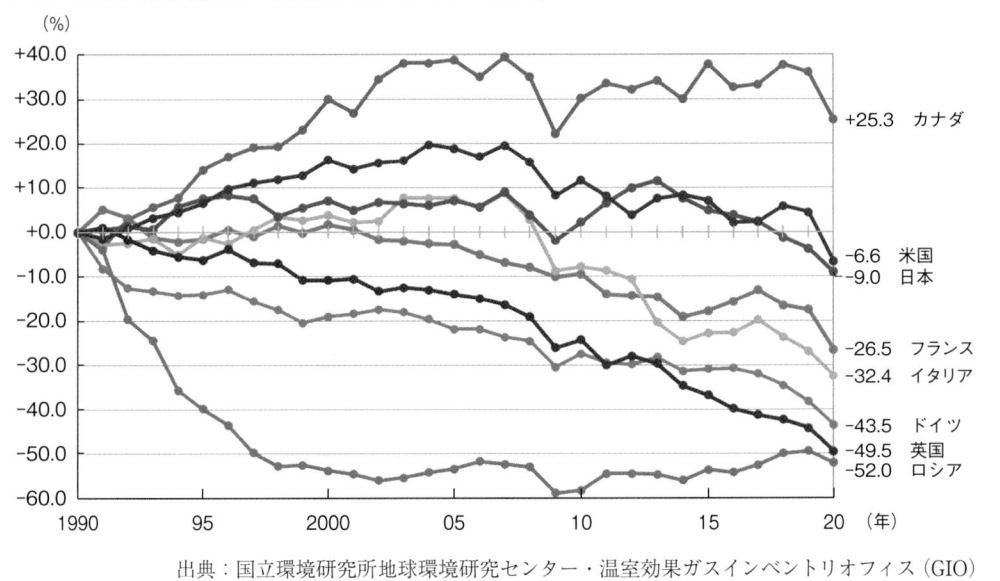

図19. 主要国の温室効果ガス排出量の推移（1990年を基準）

（％）

右端ラベル（上から）：
+25.3　カナダ
-6.6　米国
-9.0　日本
-26.5　フランス
-32.4　イタリア
-43.5　ドイツ
-49.5　英国
-52.0　ロシア

横軸：1990　95　2000　05　10　15　20（年）

出典：国立環境研究所地球環境研究センター・温室効果ガスインベントリオフィス（GIO）

年度比26％低減。

　一方、業務部門や家庭部門は12～13年度にかけて90年度比6～8割増加してピークに達し、その後低減傾向にあるものの、21年度はそれぞれ45％、21％の増加となっている。わが国の「2030年度各部門の温室効果ガス排出削減量の目標・目安」によると、業務部門と家庭部門の削減の目安は、13年度比でそれぞれ51％、66％で、21年度実績からの大幅な削減が必要であり、30年度に向けての実効的削減手段の検討・実施が大きな課題である。

4-3. わが国産業部門主要業種のCO₂排出量（環境省）

　21年度における産業部門全体のエネルギー起源CO₂排出量は3億8,637万t。紙パルプ産業のCO₂排出量は2,106万tで、産業部門全体の5.4％であった。ちなみに上位は鉄鋼（40.0％）、化学（14.9％）、機械（12.1％）、窯業・土石（7.5％）が占めている。

4-4. カーボンニュートラル行動計画参加業種のCO₂排出量推移（日本経団連）

（1）　国内の事業活動における排出削減

　21年度CO₂排出量の全部門合計値（電力配分後排出量）は4億4,598万t-CO₂となり、13年度比（わが国

図20. 2019年の世界のエネルギー起源CO₂排出量

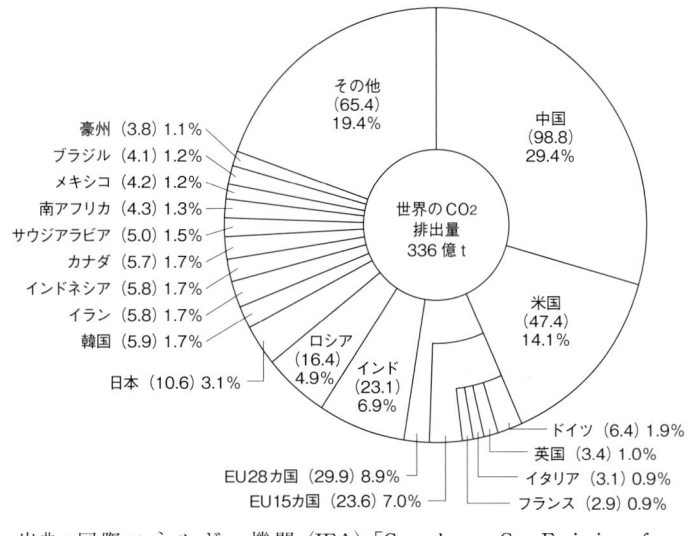

世界のCO₂排出量 336億t

その他（65.4）19.4％
中国（98.8）29.4％
米国（47.4）14.1％
インド（23.1）6.9％
ロシア（16.4）4.9％
EU28カ国（29.9）8.9％
EU15カ国（23.6）7.0％
日本（10.6）3.1％
韓国（5.9）1.7％
イラン（5.8）1.7％
インドネシア（5.8）1.7％
カナダ（5.7）1.7％
サウジアラビア（5.0）1.5％
南アフリカ（4.3）1.3％
メキシコ（4.2）1.2％
ブラジル（4.1）1.2％
豪州（3.8）1.1％
ドイツ（6.4）1.9％
英国（3.4）1.0％
イタリア（3.1）0.9％
フランス（2.9）0.9％

出典：国際エネルギー機関（IEA）「Greenhouse Gas Emissions from Energy」2021 EDITION を基に環境省作成

の温室効果ガス削減の中期目標における基準年度）では減少（－17.7％）したものの、前年度比では増加（＋5.7％）した。ただし、20年度は新型コロナウイルスの影響により経済活動が大きく落ち込んだ時期である一方、21年度は経済活動が回復に向かった時期であることに留意すべきである。

（2）　産業部門の実績

　産業部門30業種における21年度のCO₂排出量（電力配分後）は3億3,110万t-CO₂（13年度比－15.0％、前年度比＋6.8％）となり、13年度比で引き続き減少したが、前年度比は増加した。21年度におけるCO₂排出増加の主な要因は、新型コロナウイルスの影響から回復しつつあるこ

図21. 国別累積CO₂排出量比率（1850〜2021年）

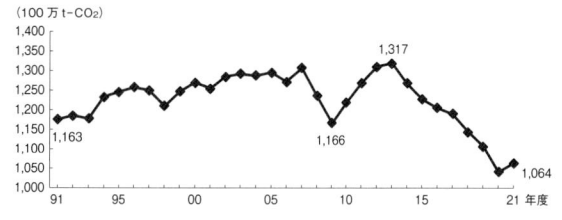

その他 26.0%
米国 25.3%
合計累計 CO₂排出量 1兆6,249億t
中国（14.9%）
ロシア 7.2%
ドイツ 5.6%
英国 4.5%
日本（3.7%）
インド（3.5%）
フランス 2.3%
カナダ 2.0%
ウクライナ 1.8%
ポーランド 1.7%
イタリア（1.5%）

参考：EU27カ国の合計＝17.0%

注）中国（1899年〜）、日本（1950年〜）、インド（1858年〜）、イタリア（1860年〜）の4ヵ国はデータ累積開始年が異なる。
出典：WRI（World Resources Institute、世界資源研究所）2023/2/9
作成：日本製紙連合会

図22. わが国のCO₂排出量推移

（100万t-CO₂）

出典：国立環境研究所地球環境研究センター・温室効果ガスインベントリオフィス（GIO）「2021（令和3）年度温室効果ガス排出量データ（確報値）」

表8. 部門別CO₂排出量

| | CO₂排出量（100万t） | | | | 対前年度比率% |
| | ①2020年度（前年） | | ②2021年度（速報値） | | ②/① |
		構成比%		構成比%	
エネルギー転換部門	79	7.6	84	7.9	106.1
産業部門	354	34.8	373	35.1	105.4
業務部門	184	17.7	190	17.9	103.3
家庭部門	167	16.0	156	14.7	93.7
運輸部門	183	17.6	185	17.4	100.8
工業プロセスほか	44	30	46	4.3	103.3
廃棄物	30	2.9	30	2.8	100.3
計	1,042	100.0	1,064	100.0	102.1

注）工業プロセスほか：コークスやセメントなど燃料以外で排出するプロセス由来のCO₂ほか、廃棄物：焼却ほか。
出典：国立環境研究所 地球環境研究センター・温室効果ガスインベントリオフィス（GIO）、環境省「2021年度（令和3年度）の温室効果ガス排出量速報値について」
作成：日本製紙連合会

とによる経済活動量の増加である。一方で産業部門では従来より燃料転換やエネルギーの回収・利用、高効率機器の導入や運用プロセスの改善を通じた取組みを進めており、引き続きCO₂排出削減に寄与している。今後の課題として、長年の削減に向けた取組みの積み上げにともない、大きな効果を得られる省エネ投資の余地が限定的になっているとの指摘がある。また、人手不足やコスト面での制約から、老朽化・劣化設備の更新が完了していない業種があるほか、近年は少品種大量生産から多品種少量生産へシフトしており、生産効率向上によるCO₂排出削減効果が減少しつつある業種も見られる。

主要業種の化石エネルギー起源CO₂排出原単位指数（13年度＝100）の推移を見ると、製紙業界について21年度は13年度比8pt低下しており、他の業界に比べCO₂排出量削減の程度が大きい。これは省エネ投資や燃料転換投資によるものである。また、20年度はコロナ禍による減産の影響により前年度に比較して4pt悪化したが、21年度は増産の影響で5pt良化している。

（3）　2030年度目標の見直し状況、蓋然性と進捗率

①　目標の見直し状況
フェーズⅡ（2030年度）目標の見直し状況を調査した結果、目標・実績等を公開している58業種のうち、20年度のフォローアップ調査で13業種、21年度のフォローアップ調査で19業種が目標の見直しを表明するなど、見直しのペースが加速。フェーズⅡ目標を達成しつつあった業種を中心に、さらに高い目標への見直しが行われており、政府の「2030年度46%削減」目標実現に貢献する姿勢の表れと考えられる。

②　目標の蓋然性と進捗率
目標の蓋然性を調査した結果、回

図23. 部門別CO₂排出量内訳（2021年度速報値）

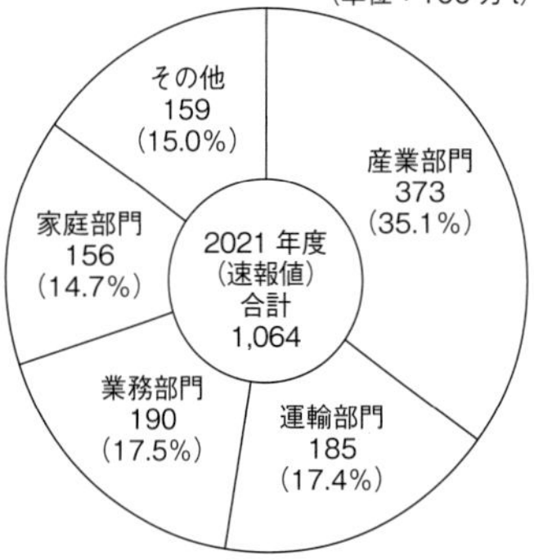

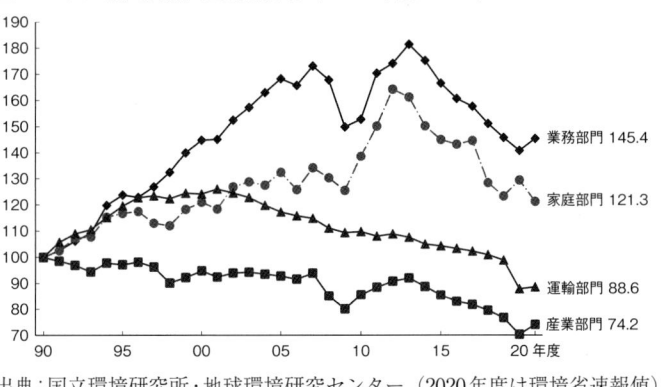

（単位：100万t）

その他
159
(15.0%)

産業部門
373
(35.1%)

家庭部門
156
(14.7%)

2021年度
（速報値）
合計
1,064

業務部門
190
(17.5%)

運輸部門
185
(17.4%)

注）発電によるCO₂排出量を含む。
出典：国立環境研究所・地球環境
　　　研究センター
　　　　　作成：日本製紙連合会

図24. CO₂部門別排出量指数推移（1990年度＝100）

業務部門 145.4
家庭部門 121.3
運輸部門 88.6
産業部門 74.2

出典：国立環境研究所・地球環境センター（2020年度は環境省速報値）
作成：日本製紙連合会

表9. 産業部門主要業種のCO₂排出量

	万t-CO₂	（%）
産業合計	38.637	100.0
非製造業	2,602	6.7
製造業	36,035	93.3
紙パルプ	2,106	5.4
化　学	5,753	14.9
窯業・土石	2,888	7.5
鉄　鋼	15,449	40.0
機　械	4,687	12.1
その他	5,152	13.3

注）「部門別内訳」には発電によるCO₂
　　排出量含む。
出典：国立環境研究所・温室効果ガスイ
　　　ンベントリーオフィス（GIO）

図25. 主要業種のCO₂排出量比率

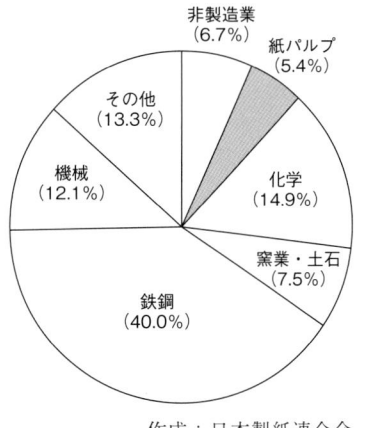

非製造業
(6.7%)

紙パルプ
(5.4%)

その他
(13.3%)

機械
(12.1%)

化学
(14.9%)

窯業・土石
(7.5%)

鉄鋼
(40.0%)

作成：日本製紙連合会

図26. 各部門のCO₂排出量と削減率

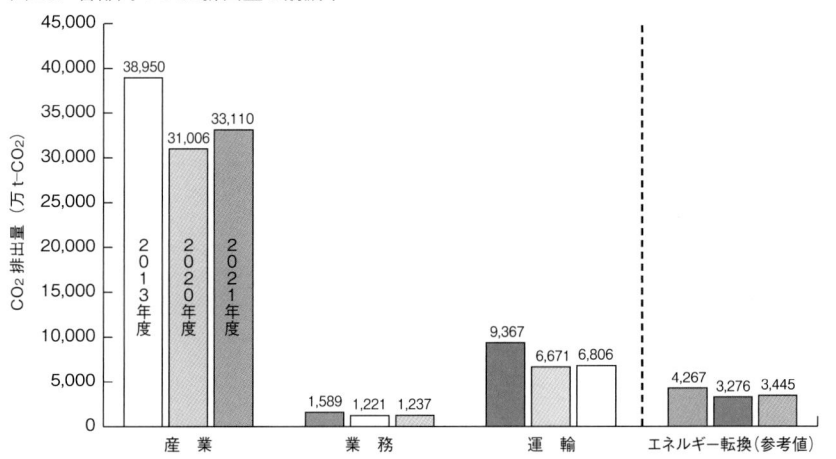

出典：日本経団連「カーボンニュートラル行動計画 2022年度フォローアップ結果 総括編
　　　〈2021年度実績〉［速報版］」

157

図27. 産業部門からのCO2排出量

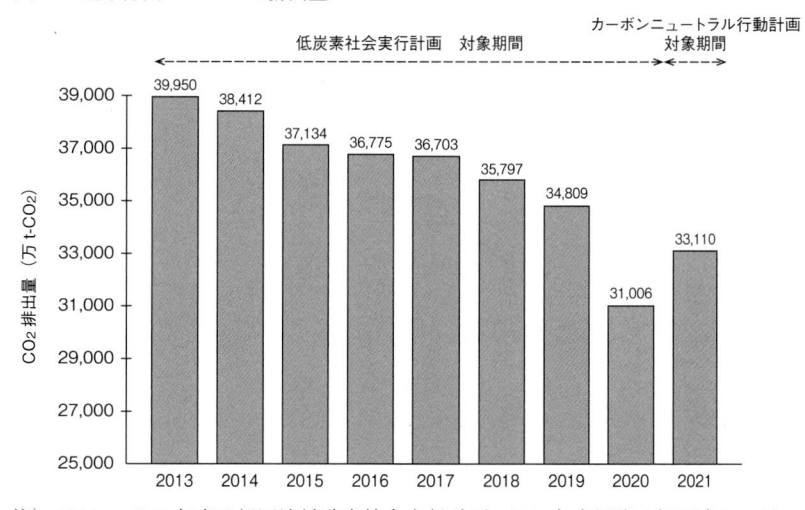

注） 2013 〜 2020年度は経団連低酸素社会実行計画、2021年度以降は経団連カーボン
　　ニュートラル行動計画の対象期間
　出典：日本経団連「カーボンニュートラル行動計画 2022年度フォローアップ結果 総括
　　　　編〈2021年度実績〉［速報版］」

図28. 主要業種化石エネルギー起源CO2排出原単位指数推移

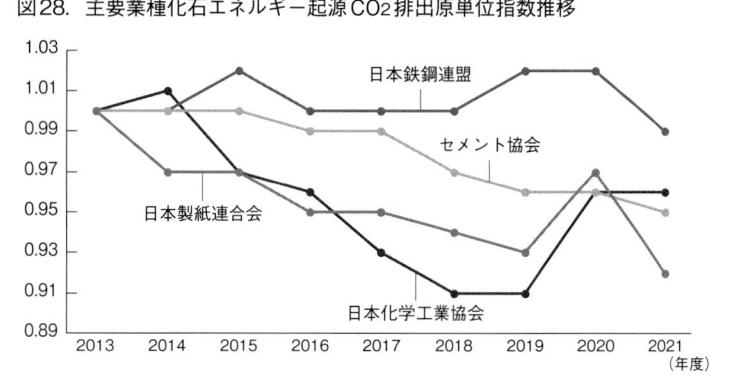

　出典：日本経団連「カーボンニュートラル行動計画 2022年度フォローアップ
　　　　結果 総括編〈2021年度実績〉［速報版］」
　　　　　　　　　　　　　　　　　　　　　　　作成：日本製紙連合会

答票準備中の4業種を除いた58業種中26業種が、目標達成が可能と判断している。

　目標に対する進捗率に関しては、14業種において21年度実績がすでにフェーズⅡ（2030年度）目標に達している。こうした業種においては、省エネ設備・高効率機器の導入はもとより、エネルギー回収等による高効率運用、重油からLNG等への燃料転換、再生可能エネルギーへの転換といったさまざまな取組みが進んでいる。

　他方、目標達成が困難と回答した業種は1業種で、その理由としてカーボンニュートラル実現を可能とする技術が確定されていないことを挙げており、技術の情報収集に努めるとともにカーボンニュートラル推進に向けての検討を継続するとの報告があった。

　このほか、目標達成に向けてはロシアによるウクライナ侵攻にともなうエネルギー価格の高騰および天然ガスの確保困難な状況において、日本の再生可能エネルギーがコスト競争力を持って導入拡大すること、カーボンニュートラルに向けた取組みに対して政府が支援することなどを期待する意見があった。また、目標に達したものの目標を据え置いた業種からは、新型コロナウイルスの影響を注視していることなどが報告された。

　経団連では、参加業種に対してBATの最大限導入による削減努力を着実に進め、更なる技術開発・導入も図りながら、目標の不断の見直しを行うことを呼びかけていく。

産業廃棄物対策：新目標に向け更なる努力へ

日本製紙連合会は「環境行動計画（廃棄物対策）」のフォローアップ調査結果（2021年度実績）をまとめ、2022年10月に公表した。

まず製紙連合会が加盟する経団連の廃棄物対策について見ておくと、1997年から「環境自主行動計画」（2016年から「循環型社会形成自主行動計画」に名称変更）を策定し、産業界全体の目標として、産業廃棄物最終処分量の削減を掲げ、これまで4次にわたり目標を深堀して取り組み、2020年度に2000年度実績比70％削減の目標を掲げた。21年11月時点で、同計画には製紙連合会を含め45業種が参加し、業種ごとに目標を掲げて取り組み、19年度の実績で00年度実績から77.8％削減し目標を達成。21年度以降の5次目標として、2025年度に00年度実績比75％程度削減等を目標としている。

製紙連合会は経団連の取組みに呼応して、1997年に環境に関する自主行動計画」、2012年からは「環境行動計画」を策定し、環境方針の1つとして「循環型社会の実現」を定め、会員企業はその方針に基づき産業廃棄物の最終処分量の削減と有効利用の推進に努めた。その結果、昨年刊行の同書が示したように大きな成果を上げることができた。21年度からは25年度までを取組に期間とする新たな目標を掲げて取り組んでいる。

以下は、その初年度となる2021年度のフォローアップ調査の内容および結果である。

〔目標〕

①2025年度までに産業廃棄物最終処分量を有姿量で6万tまで低減する、②業界独自目標として有効利用率を現状維持に努める—を目標に掲げている。今回の調査項目および

調査結果は以下の通り。

〔調査項目〕

調査対象：38社105工場・事業所（非会員の協力会社8社17工場・事業所を含む）

回　答：37社104工場・事業所（回答があった104工場・事業所の2021年度における紙・板紙の生産シェアは、調査対象会社合計の99.9％、全製紙会社合計の89.8％を占める）

調査年度：2021年度

調査項目：工場・事業所別の産業廃棄物の最終処分量、有効利用率、発生量、減容化量、再資源化量、有効利用先

〔調査結果〕

① 産業廃棄物発生量

発生量は434.5万tで、対前年度12.6万tの増加となった。増加要因は、2021年度の紙・板紙生産量が前年の新型コロナウイルス感染症の

表1．廃棄物対策の進捗状況（有姿ベース）

	1990年度実績	2000年度実績	2005年度実績	2010年度実績	2015年度実績	2019年度実績	2020年度実績	2021年度実績	2025年度目標
発生量（万t）	－	620.3	570.1	530.2	510.1	470.9	421.9	434.5	－
減容化量（万t）	－	360.6	312.1	281.3	243.3	217.7	202.0	219.3	－
再資源化量（万t）	－	205.6	220.7	222.2	251.6	245.5	213.0	207.4	－
最終処分量（万t）	220.5	54.1	37.2	26.8	15.2	7.7	6.9	7.7	6.0
00年度比減少率（％）	－	▲31.2	▲50.5	▲71.9	▲85.8	▲87.2	▲85.7	▲88.9	
再資源化率（％）	－	33.1	38.7	41.9	49.3	52.1	50.5	47.7	
有効利用率（％）	－	91.3	93.5	95.0	97.0	98.4	98.4	98.2	98.4

注）発生量＝減容化量＋再資源化量＋最終処分量
　　再資源化率＝再資源化量÷発生量×100
　　有効利用率＝（発生量－最終処分量）÷発生量×100

表2．廃棄物対策の進捗状況（絶乾ベース）

	1990年度実績	2000年度実績	2005年度実績	2010年度実績	2015年度実績	2019年度実績	2020年度実績	2021年度実績
発生量（万BDt）	－	276.6	294.1	291.7	294.3	269.8	245.6	249.2
減容化量（万BDt）	－	112.4	101.7	92.2	79.8	68.5	66.1	72.6
再資源化量（万BDt）	－	133.0	169.1	181.9	204.0	195.9	174.9	171.8
最終処分量（万BDt）	119.1	31.2	23.4	17.6	10.4	5.4	4.6	4.7
00年度比減少率（％）	－	▲25.1	▲43.7	▲66.6	▲82.8	▲85.2	▲85.0
再資源化率（％）	－	48.1	57.5	62.4	69.3	72.6	71.2	69.0
有効利用率（％）	－	88.7	92.1	94.0	96.5	98.0	98.1	98.1

図1. 産業廃棄物発生量と再資源化量の内訳

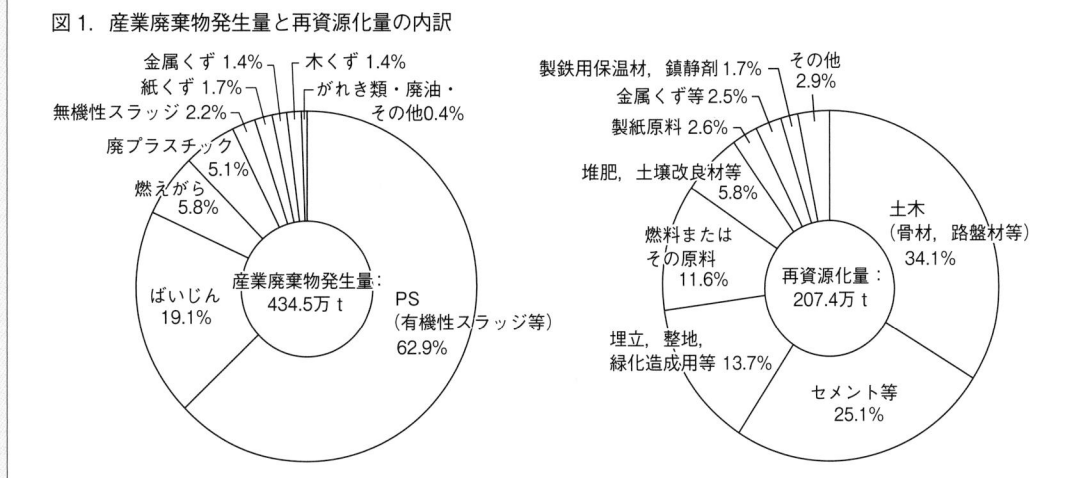

図2. 最終処分量の推移

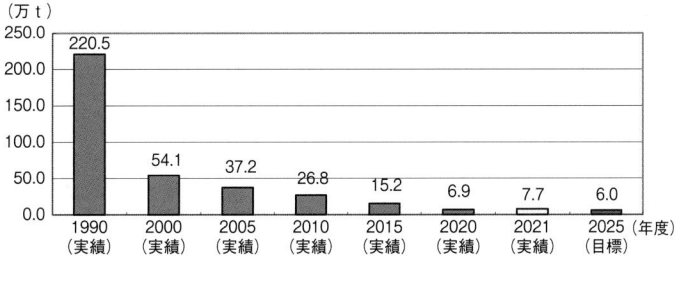

図3. 有効利用率の推移

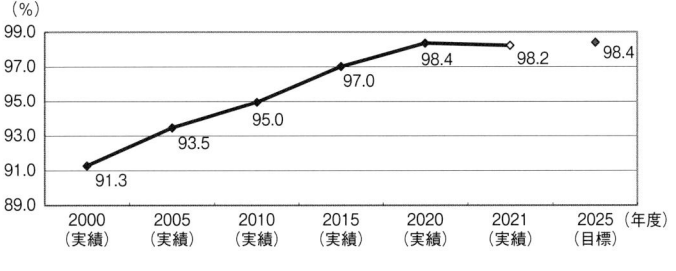

影響等による落ち込みの反動から、対前年度6.0％増と増加したことが挙げられる。

② 減容化量

減容化量は219.3万t。減容化量の内訳は、燃料利用を基本とするPSの可燃部分が64.4万tおよび廃プラスチック・木くず等が14.9万tであり、残りの140.1万tは蒸発水分である。

③ 再資源化量

再資源化量は207.4万tで、対前年度5.6万t減少した。

④ 最終処分量

最終処分量は7.7万tで、対前年度0.8万t増加した。目標の6万tを1.7万t上回り、目標には達しなかった。前年度から増加した要因は、紙・板紙の生産増による産業廃棄物発生量の増加や、新規バイオマスボイラーの稼働による灰の委託量増、本調査参加企業の増加（1社増加）による影響等が挙げられる。

⑤ 有効利用率

有効利用率は98.2％で、目標の98.4％を0.2ポイント下回り、目標には達しなかった。目標未達の要因は、産業廃棄物の再資源化の減少が挙げられる。

なお、用語の説明については以下の通り。

最終処分量：廃棄物を廃棄物最終処分場に埋め立て処分した量。

有効利用率：発生した廃棄物を中間処理で減容化する際、水分やエネルギーの回収をともなうことから、最終処分量以外はすべて有効利用しているものとし、その割合を計算したもの。

有効利用率＝（発生量－最終処分量）÷発生量×100

発生量：製品の製造等の事業活動にともない発生した廃棄物（不要物）の量。

発生量＝減容化量＋再資源化量＋最終処分量

減容化量：発生した廃棄物を脱水、焼却などして減らした量。

再資源化量：事業活動にともない発生した廃棄物を減容化した後、原料としてリサイクルした量および製品の一部としてリユースした量の合計量。

有姿ベース：水分込みの重量ベース。

絶乾ベース：含水量ゼロ（固形分100％）に換算した重量ベース。

BDt：Bone Dry t（絶乾トン）の略で、含水量ゼロに換算したトン数。

紙パルプ産業と環境　2024

循環型の特性活かし持続可能な成長へ ～期待される SDGs での更なる役割～

価格 2,200 円　本体 2,000 円　　　　　発行人　髙橋彰司

　　　　　　　　　　　　　　　　　　発行所　紙業タイムス社

2023 年 8 月 25 日 印刷　　　　　　　企　画　テックタイムス

2023 年 8 月 31 日 発行　　　　　　　印　刷　第一印刷所

ISBN978-4-904844-44-1　　C3060

株式会社 紙業タイムス社

本　　　社　〒 103-0013　東京都中央区日本橋人形町 2-15-7　　TEL 03 (5651) 7175　FAX 03 (5651) 7230
大　　　阪　〒 542-0081　大阪市中央区南船場 1-3-14　　　　　TEL 06 (6266) 1130　FAX 06 (6266) 1131
中　　　部　〒 416-0923　静岡県富士市横割本町 8-8　　　　　　TEL 0545 (61) 2774　FAX 0545 (61) 6623

株式会社 テックタイムス

本　　　社　〒 103-0013　東京都中央区日本橋人形町 2-15-7　　TEL 03 (5651) 7161　FAX 03 (5651) 7201

掲載広告索引

古紙リサイクルを促進しよう

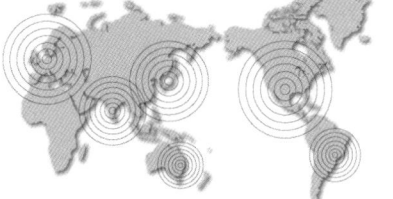

古紙リサイクルを促進しよう

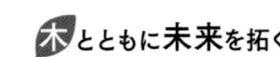

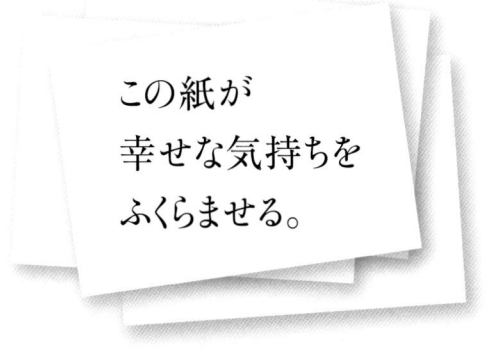

古紙リサイクルを促進しよう

古紙リサイクルを促進しよう

古紙リサイクルを促進しよう

ベーラ番線

ベーラマシン専用の番線

—合理化への三要素—

○ 高品質
○ 製品の均一化
○ 経済的効果

50kg

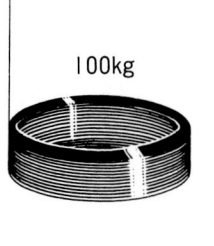

100kg

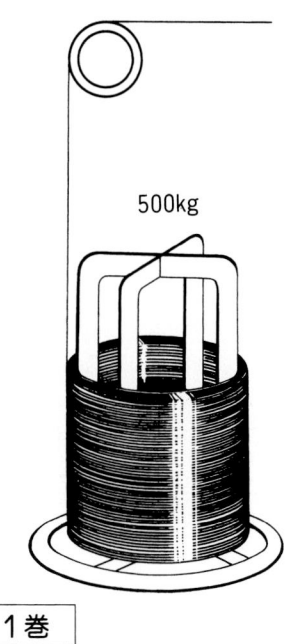

500kg

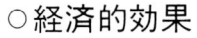

1000kg

重量/kg サイズ	1巻	1巻	1巻	1巻
♯12 2.6㎜	50	100	500	1,000
♯10 3.2㎜	50	100	500	1,000
♯8 4.0㎜	50	100	500	1,000

吾 坂野興業株式会社

本　　　社　〒152　東京都目黒区柿ノ木坂１−２−７
営 業 所　-0022　☎ (03)3718−7311
　　　　　　　　　　FAX(03)3724−8170

目黒営業所　〒152　東京都目黒区碑文谷４−15−18
工　　　場　-0003　☎ (03)3712−2530
　　　　　　　　　　FAX(03)3712−2612

浦安営業所　〒279　千葉県浦安市鉄鋼通り１−３−５
倉　　　庫　-0025　☎ (047)354−6531
　　　　　　　　　　FAX(047)351−5201

静岡営業所　〒425　静岡県焼津市本中根字下川原978
工　　　場　-0063　☎ (054)624−1101
日本工業規格表示認定工場　　FAX(054)624−6704
認定番号 301004

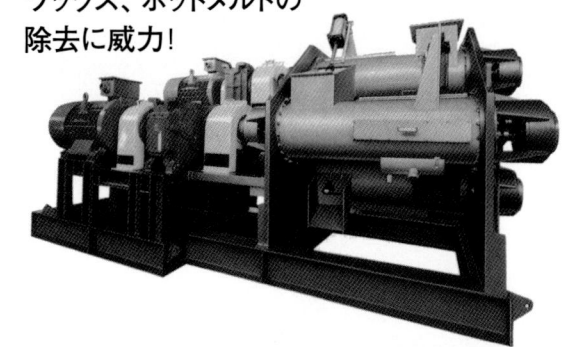
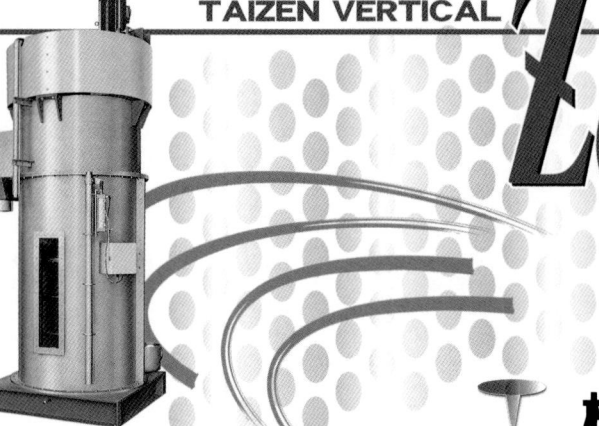

一灰入魂

すべてはお客様のために

NIPPON FELT

日本フエルト株式会社

https://www.felt.co.jp/

本　社　〒115-0055 東京都北区赤羽西1-7-1 パルロード
　　　　TEL：03-5993-2030

埼玉工場　〒365-0043 埼玉県鴻巣市原馬室88
　　　　　TEL：048-541-3663

栃木工場　〒324-0246 栃木県大田原市寒井1467
　　　　　TEL：0287-54-4172

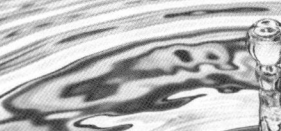

ZERO

サステナビリティの実現へ

CircleToZero™

サステナブルな社会に向けての取り組みが謳われる中、ビジョンはあっても、実際何から取り組むべきかお悩みではございませんか。

アンドリッツのCircleToZero™は、お客様の収益向上に貢献すると同時に、ゼロ・エミッションとゼロ・ウェイスト（排出・廃棄ゼロ）の達成を目的とした取り組みです。

これまで未利用であった側流を活用し、それを付加価値のある新しい製品に転換することで、お客様のビジョンを実現するお手伝いをアンドリッツがいたします。

ENGINEERED SUCCESS

アンドリッツ株式会社 104-6129 東京都中央区晴海1-8-11 Y29F / andritz.com